U0233212

Uncertainty: Einstein, Heisenberg, Bohr, and the Struggle for the Soul of Science

科学之魂

爱因斯坦、海森堡、玻尔关于不确定性的辩论

〔美〕戴维·林德利（David Lindley） 著
李永学 译

浙江人民出版社

他是秩序的上帝，而不是混乱的上帝。

——艾萨克·牛顿

混乱是自然的法则，秩序是人类的梦想。

——亨利·亚当斯

前　言

1

如果说科学是人们从混乱中提取有序的尝试，那么，1927 年年初，它转向的是一条让人始料未及的道路。是年 3 月，年仅 25 岁但已蜚声国际的知名青年物理学家维尔纳 · 海森堡（Werner Heisenberg）提出了一项科学推理，这项推理简洁、微妙而又发人深省。就连海森堡本人几乎也无法宣称他确切地知道自己到底发现了什么。他绞尽脑汁，试图找到一个能够概括这项推理的含义的词。在大多数情况下，他都使用一个德语词，我们可以将之翻译成“不准确性”（inexactness）。出于一种略微有些不同的目的，他在有些地方尝试用“无法决定性”（indeterminacy）这一术语。但在他的导师、有时身兼老板的尼尔斯 · 玻尔（Niels Bohr）无法抗拒的压力下，海森堡不情不愿地加上了一个尾注，让一个新词粉墨登场，这就是“不确定性”（uncertainty）。于是，海森堡的发现也就此被人称为“不确定性”原理。

2

但这并不是最贴切的表述。对于 1927 年的科学界来说,不确定性几乎没有什么新的含义。实验结果本身多少都有些不精确,理论的预测也只能根据这些带有缺陷的数据做出。当科学家在实验与理论之间进行无数次的反复校对之后,正是不确定性告诉他们下一步应该如何继续。实验能够检测出越来越精确的细节,理论也不断地就此做出调整和修正。当科学家在一个层次上解决了理论与实验不相符合的问题之后,他们又向下一个层次挺进。在任何活跃的科学领域中,不确定性、偏差和相互矛盾都是常态。

因此,海森堡并没有将不确定性引进科学,而是深刻地改变了这个词的本质和意义。过去人们总是认为,不确定性这个敌人是可以征服的。从哥白尼(Copernicus)和伽利略(Galileo)开始,经过开普勒(Kepler)和牛顿(Newton)的努力,现代科学通过将逻辑推理运用于可证实的事实和数据而发展起来。人们认为,用严格的数学语言表述的理论在逻辑上是必然的、准确的。这些理论提供了一种体系和框架,一种有关事物的彻底阐述,它将用理性和因果律取代神秘性和偶然性。在科学的世界中,从来没有无缘无故发生的事件。不存在自发性,也没有不可解的离奇现象。自然现象或许极其复杂,但科学必须揭示其秩序和可预测性。事实就是事实,定律就是定律。不会有例外发生。与科学曾经替代过的那些老旧的理念一样,在科学轮盘的碾压下,人们会将事物分析得愈益细致,愈益完善。

在一两百年间,这一梦想看上去似乎是可以实现的。尽管站在前一代科学家肩膀上的一代又一代科学家看到自己的理想尚未实现,但他们相信,他们的后辈终将完成未竟的事业。理性的力量让人们认定,科学的进步是必然会发生的。科学的潮流将越来越波澜壮阔,其规模将席卷一切,但同时也会越来越向微观发展,越来越精细复杂。自然是可以认识的——既然如此,有一天人们就必然能认识自然。

3

这种经典观点发源于物理学,并在19世纪成为各种科学的主流模式。地质学家、生物学家,甚至第一代心理学家都把整个自然世界勾画为一个错综复杂但又正确无误的机器。一切科学分支都在追求物理学设立的理想。实现这一理想的诀窍就是,依据具有精确描述性(即简化为数字)的观察结果和现象定义自己的学科领域,然后找到将这些数字并入一个无法逃脱的系统中的数学定律。

无疑,这一任务十分艰巨。科学家在面对这些雄心壮志时会心生畏惧,因为他们在试图梳理这一机器时看到,这一机器竟然如此复杂、庞大。要么,自然的定律过于庞大,他们的头脑根本无法探测。要么,他们将会发现,虽然可以写下这些自然定律,但是缺少计算出结果所必需的分析工具和计算工具。如果绝对的科学理解无法实现,那是因为人类的思维尚无法胜任这一任务,而不是因为自然本身是顽冥不化或者浑然不可解的。

而这正是海森堡的论证事实上令人如此不安的原因。这一论证的目标是科学大厦上一个此前未受怀疑的弱点,即位于其底部构造上的一个弱点,或者说,是其基础中一个未经审查的部分,因为这一点过去看上去是如此不言自明、固若金汤。

海森堡并没有对自然定律的完备性进行攻击。相反,正是在自然事实中,他发现了奇特又令人惊恐的难题。他的不确定性原理涉及基本的科学行为:我们如何才能得到有关世界的知识,即那种可以用科学方法进行检验的知识?在海森堡举出的特定例子中,我们如何才能知道某一物体的位置及其运动速度呢?这是一个曾经让海森堡的前辈们备感困惑的问题。无论何时,某个运动物体都具有特定的速度和位置。人们可以用多种方法对它们进行测量或者观察。人们的观察做得越好,得到的结果就越准确。除此之外,还有别的什么可说的吗?

但海森堡发现,可说的东西着实不少。他的结论如此深奥,其革命性意义如此深刻,但用文字表述出来却让人觉得如同老生常谈。人们可以准确地测量某个粒子的速度,或者准确地测量其位置,但无法同时准确地测量二者。换言之,对粒子位置的测量越准确,对该粒子速度的测量便越不那么精确。或许可以更加委婉地说:观察的过程会改变被观察的对象。

说来说去,他的学说的概要不外是:观察到的事实其实并不像大家想象的那么简单,那么一目了然。在对自然世界的传统描述中,自然界这个庞大机器的所有工作部件理所当然地被认为可以在无限准确的程度下加以定义,而且它们之间的一切相互作用都可以被准确理解。每个物体都有其位置,人们可以确定它的所在地。这一点似乎是基础,也是至关重要的一点。要想理解宇宙,人们就必须首先假定,他们能够逐一确定组成宇宙的所有部件是什么,这些部件在做些什么。但海森堡似乎在说,人们无法弄清楚他们想要知道的情况,甚至就连他们描述自然世界的能力都是受到限制的。如果人们无法如他们希望的那样描述自然世界,又怎能希望推导出自然世界的定律呢?

5

海森堡的发现的意义令人难以捉摸。而在他推出这一发现两年前,他还发表了另一项同样引人注目、令人困惑的见解。在灵感萌动之间,他明白了应该如何建立一门后来被人称为量子力学的学科。当物理学界的其他人还在挣扎着努力跟上他的思路时,海森堡怀着一个青年科学工作者的纯洁愿望,锐意进取,以一种深奥晦涩的新理论语言重写了物理学的基本规则,而这种语言就连海森堡本人都声称尚无法完全掌握。然而,尽管尼尔斯·玻尔有着反应迟缓的名声,其深思熟虑往往令人恼火,他却敏锐地看出了融合新老体系的必要性。他发现,艰难而又至关重要的任务是在不抛弃过去来之不易的成果的同时弄懂新的量子物理。就如何才能最好地描述这门仍然存有争议的新学科,他与海森堡发生了激烈的争论。

另一个声音也加入了争论。海森堡公布他的原理的时候,阿尔伯特·爱因斯坦(Albert Einstein)已经年近五旬。他是科学界的老人,受人崇敬,但不再总是那么引人注目。更年轻一些的科学家正在进行重要的工作。爱因斯坦充当了高层评论员的角色。在其辉煌时代,他也曾经是位革命者。1905 年对他来说是伟大的一年。在这一年,他以相对论推翻了牛顿有关绝对速度和绝对时间的旧有理念。在一个观察者看来是同时发生的事件,对于另一个观察者来说可能是依次相继发生的,而在第三个观察者看来,事件发生的次序可能又是相反的。海森堡随手援引了爱因斯坦的革命性原理来支持自己的原理:不同的观察者看到的世界是不同的。

但在爱因斯坦看来,这是对他的最伟大成就的极大曲解。当然,人们可以从不同的角度看待相对论,但爱因斯坦理论的要点是,它以一种所有观察者都能接受的方式使表面上相悖的观察得到统一。根据爱因斯坦的理解,在海森堡的世界中,有关真正事实的想法似乎崩溃了,变成了各种互不相容的观点。而爱因斯坦认为,如果科学意味着任何可靠的事物,那么海森堡的那种看法就是无法接受的。这又是一次尖锐的思想交锋。这一次,海森堡与玻尔携手作战,对抗年长的大师。

6

从这次三方交替发言的辩论中,最终产生了一个对不确定性原理普遍可用的定义。大多数物理学家一直觉得这个定义相当方便,而且至少相对容易理解——只要他们不过多考虑那些由此产生的仍未解决的哲学或者形而上学的难题。爱因斯坦不情愿地承认,严格地说,海森堡和玻尔创建的这个学说体系是正确的。但他从来不肯接受这是最后的结论。直到去世那一天,他依旧认为,这一物理学的新分支无法令人满意,只不过是一种过渡,终将被某种以他珍爱的旧原理为基础的理论所代替。爱因斯坦坚持认为,海森堡的不确定性原理表明人类在理解物质世界方面有时确实无能为力,但不代表世界本身奇特或难以理解。

爱因斯坦极不喜欢玻尔和海森堡正在创建的这种物理学。这种状况持续发酵,最后形成了一场的确可以说是关于科学之魂的争论。现在这场会战已经结束,“会战”一词用得似乎有些夸张。然而,20 世纪 20 年代这种新物理学刚刚崭露头角时,物理学的基础显然遭受了前所未有的审查。人们也确实从中找到了一些裂缝。但在玻尔的监督之下,基础重新被建立;或者,正如爱因斯坦可能会说的那样,被支撑起来,尽管其上层建筑或多或少保留了原样。这一引人注目的修复组成了这本书讲述的故事的核心。顶尖物理学家各自站队,没有谁保持中立。同样,争论双方也没有明显的划界。人们的效忠对象不断在变化,观点也在改变。甚至时至今日,爱因斯坦的怀疑精神仍旧徘徊不去,在玻尔及其拥护者声称已获得的胜利上投射着阴影。

这个核心故事还有一份后记和一份前言。

对于人们在寻求毫无瑕疵的知识的过程中遇到的一般困难来说,不确定性原理成了一个流行语,这一点不仅仅适用于科学领域。新闻工作者承认,他们自己的观点会影响他们所报道的事件;人类学家哀叹,他们的存在干扰了他们正在调查的文化的行为模式。这些情况都与海森堡的不确定性原理具有共通之处:观察者改变了被观察的事物。文艺理论家断言,根据不同读者的爱好和偏见,一段文字可以有各种不同的含义;这时,海森堡正静悄悄地躲在背景之中:观察行为本身决定了哪些事物将受到观察,而哪些事物不会。

这种现象与基础物理学之间存在什么关系吗?几乎不可

能！既然如此,那为什么海森堡的原理会受到其他学科的专家们如此热情的推崇呢？我将在本书即将结束的时候提出,新闻工作者、人类学家、文学批评家以及其他人正在对某种专业理念进行兼并,他们这样做并不是因为他们希望为自己的主张寻找靠不住的科学上的正当性,而是因为不确定性原理不仅让科学知识本身变得不那么令非科学家望而生畏,而且还让它变得更像一种我们每天都在与之打交道的、比较难以捉摸的、不很明确的知识。

然而,要让我们的故事发展到那一步,首先必须明白海森堡的不确定性原理来自何方。与其他任何革命一样,科学上的革命并非来自虚无,它们有自己的根源和先驱。不确定性原理代表着量子力学的一个高潮。而到了 1927 年,量子力学已经推翻了 19 世纪物理学中的许多经典陈旧观念。但量子力学本身是对更早期的物理学无法处理的一些问题的回应。在科学中,确定性一直是个令人担心的问题,尽管量子理论和海森堡的不确定性原理无疑是 20 世纪的产物,但它们的最早曙光差不多在一百年前就已经出现了。因此,让我们把故事的开端放在 19 世纪的头十年。

8

目 录

第一章　恼人的粒子

9

罗伯特·布朗(Robert Brown)是一位苏格兰教士的儿子,是自学成才的典型。他冷静、勤奋,而且极其谨慎。他生于1773年,在爱丁堡大学学医,然后在法夫郡(Fifeshire)军团中作为外科医生的助手服役数年。他在那里有效地利用了自己的业余时间。他早上很早就起来自学德语(按照他的日记所说,他早饭前记忆名词及其变格,随后记忆助动词的词形变化),因此掌握了大量植物学方面的德语文献。植物学是他自己选择的学科。1798年,这位苏格兰青年造访伦敦,与皇家学会(Royal Society)主席、伟大的植物学家约瑟夫·班克斯爵士(Sir Joseph Banks)相遇,并给后者留下了极为深刻的印象。这让他三年后得以在班克斯爵士的力荐下,乘船漂洋过海远赴澳大利亚,并在1805年回程时携带了近4000份异国植物样品,将它们整齐地存放在船

10

上。在随后数年间,布朗在担任班克斯的图书管理员和私人助

理时,还刻苦地对这些样品进行了描绘、分类和编目。布朗引人注目的澳大利亚收藏以及班克斯同样值得一提的藏品变成了大英博物馆植物部的核心藏品,而布朗则成了该博物馆的第一任专业主任。一位前往伦敦到班克斯家中探访的客人说,布朗是“世界上每一本书的活字典”[1]。

结婚之前,查尔斯·达尔文(Charles Darwin)在博学的罗伯特·布朗那里度过了许多个星期天。[2]在达尔文的自传中,他把布朗描述为一个相当矛盾的人物:极为博学但有卖弄学识的强烈倾向;在有些方面十分大度,但在其他方面却性格乖戾、疑心极重。达尔文写道:“对于我来说,他最让人惊异之处莫过于在观察方面的精细和一丝不苟,以及这些观察无可挑剔的准确性。他从来没有向我提出过任何重大的生物学观点。在向我传授知识方面,他毫无保留,但对有些观点,他却很奇怪地非常吝啬。”达尔文补充说:布朗拒绝从他的庞大藏品中向人出借样品,甚至连那些他独家拥有,而且知道自己永远也不会用到的样品也不愿出借。这一点让他恶名昭彰。

人们现在纪念这位无趣乏味、谨小慎微的人物,主要是因为他是布朗运动这一古怪现象的第一位观察者,这一点实在具有讽刺意味。这种现象代表的是随机性和不可预测性对维多利亚时代科学的优雅大厦的野蛮入侵。确实,正是布朗小心翼翼的观察才让布朗运动的意义变得如此重大。

1827 年 6 月,布朗开始对一种叫作克拉花的野花的花粉进行研究。这种现在深受园丁欢迎的植物是 1806 年由梅里韦瑟·刘易斯(Meriwether Lewis)在美国爱达荷州发现的,他用和他一起探险的威廉·克拉克(William Clark)的名字给这种花命名。[3]像以往一样,他打算仔细观察这些花粉粒子的形状和大小,希望这些数据能揭露出它们的功能,以及它们与该植物的其他部分如何相互作用完成它们所承担的繁殖任务。

11

此前,布朗得到了一台最近面世的改进了的显微镜。这台显微镜带有复合透镜,能够基本上消除较为原始的仪器中出现的彩虹色边缘,这让他看到的物体边缘不再模糊不清。布朗清楚地看到了花粉颗粒幽灵般的奇特形状,并看到了它们的整齐边缘。尽管如此,他看到的图像并不完美。花粉颗粒并非静止不动。它们在运动,不停地向各个方向急速移动;它们闪动着微光,时断时续地运动,并以古怪莫名的方式优雅地在显微镜的视野中移动。

这种不间断运动让布朗计划中的研究变得更为复杂了,但这并不是多么让人吃惊的现象。早在一百五十多年前,荷兰代夫特(Delft)市的布商安东尼·范·列文虎克(Antony van Leeuwenhoek)便使用一台粗糙的显微镜研究池塘中的水滴、老人在刷牙之前从牙齿上刮下的碎屑,甚至是混合在水中的一般家用胡椒粉的悬浮液。他观察到了数量庞大的“微生物”,它们具有奇特的形态。他的描述让科学界大吃一惊、欣喜莫名。深感入迷的范·列文虎克写道:“在水中,绝大部分微生物的运动都很迅速,且形态各异;它们向上、向下、向四周各个方向运动,看上去美妙绝伦。”[4]他的发现不但推动了进一步的科学研究,还促使富裕的市民购置显微镜装饰他们的客厅和起居室，客人们对这种神奇的现象惊叹不已。

有些微生物有微小的毛发或者鳍状的东西，这让它们能够在水中游泳。还有一些则像小小的鳗鱼一样在水中蜿蜒而行。很容易想象，这些微生物的漫步在某种程度上是有目的的。另一方面，花粉颗粒形状简单，也没有可以运动的部位。然而无法否认的是，它们是有机物。因此，布朗认为，这些花粉粒子或许具有某种生命精气，正是这种精气迫使花粉粒子以这种令人惊异但又无法预测的方式运动。尤其是考虑到这些花粉粒子是植物繁殖工具的雄性部分，因此，布朗这样想似乎也并非毫无道理。

12

但布朗并不信任这类模糊的假说。他的长处是观察而不是猜测。他又检测了其他植物的花粉，发现这些颗粒也会在水中舞蹈。然后，他还检测了树叶和枝茎的微小片段。在显微镜下，这些物体也不可思议地翩翩起舞。

布朗被这种“出人意料的现象”吸引了，他进而展开了更深入的研究。他从死去的植物样品中提取了一些粉末，有些植物甚至是一百多年前的样品。他还从一截石化了的木头上刮下些微小颗粒。这些小颗粒都曾具有生命，但现在全都死去，没有一点生命迹象。而一旦放到显微镜下，它们便开始轻轻地摇摆运动起来。接着他又使用了真正的无机物，从各种岩石以及一块普通的窗玻璃上敲下细小碎渣。这些碎渣也都变成了轻盈的舞者。为进一步观察这一现象，他从狮身人面像斯芬克斯的一份碎片样品上擦下一些碎屑,这对于担任大英博物馆馆长的他来说自然并非难事。他认为,根据其来源,人们必然可以认定,这样的事物是毫无争议的死物。

他把来自斯芬克斯的古老尘埃放置在显微镜下的一滴水中,这些尘埃也像其他所有样品一样开始跳舞。

布朗承认,他并不是第一个看到某些物体会在显微镜下起舞的人。他注意到,来自利物浦的拜沃特先生(Mr. Bywater)早在几年前便观察过有机物和无机物的碎片,并且发现所有碎片中都存在着"活泼而又恼人的粒子"。但布朗小心地进行了一系列独具匠心的实验,最后终于得出了一个结论:这些微小颗粒的不间断的运动既不是范·列文虎克和其他人观察到的"微生物运动",也不是流体悬浮液因为热力、电力或磁力影响而发生的振动或扰动而造成的运动。

13

这种现象自相矛盾又令人困惑不解。来自尘埃的无生命的粒子显然无法按照自己的意愿运动,同样也没有来自附近的任何外部力量推动它们这样运动,然而,运动的存在实在再清楚不过。布朗本人并没有试图对这一现象妄加解释。他是一位谨慎的描述型植物学家,不是一位自然哲学家。正如查尔斯·达尔文所说的那样:"出于对犯错的过分恐惧,他很大一部分创新精神实际上早已消失殆尽。"

面对这种无法解释的难题,科学界以谨慎的态度行事,在几十年间漠视了布朗运动的存在。人们没有认识到这一运动的重要性,因为这一现象在那时超出了科学能够解释的范畴。人们甚至无法理解这一现象。任何一个使用显微镜的人都知道布朗运动,认为那是一个巨大的麻烦,但很少有人认真阅读布朗本人有关这一现象的各种说法。大部分植物学家和动物学家都坚持认为,它是一种生命精气的表现。他们有意忽视布朗的证明——无生命的粒子也会在显微镜下翩翩起舞。或者他们认定,他们的样品受到了热或振动或电的干扰,而不理会布朗的实验已经把他们所说的干扰或者其他干扰排除了。

1858 年布朗去世之后,才陆陆续续地出现了几位开始设法理解这一现象的科学家。就像在科学中经常发生的那样,直到至少隐约出现了某种可以让人理解这些现象的理论,这些观察才有希望被人们理解。这一次的理论并不是什么新的想法,而是一种非常古老的理念,科学最终获得了能够澄清其意义的手段。

活跃在公元前 400 年前后的古希腊思想家德谟克利特(Democritus)相信,一切物质都是由极为微小的粒子构成的,他称这些粒子为原子(来自希腊语 *atomos*,意为“不可分割的”)。事后来看,无论这种理念具有何等先见之明,它毕竟只是一个哲学概念而非科学预测。原子究竟是什么,它们看上去形态如何,它们有何种行为,它们之间有何相互作用,对于这些问题,人们有的只是猜测。对原子的近代兴趣首先在化学家中复活。1803 年,英格兰的约翰·道尔顿(John Dalton)提出,参与化学反应的反应物具有一定的比例,这些规则出现的原因是化学物质中的原子按照简单的数字比例结合在一起。例如,氢与氧以固定的

14

比例化合产生水。

原子理论不会在一夜之间就被人们接受。直到1860年,人们还在德国的卡尔斯鲁厄(Karlsruhe)举行了一次国际会议,就原子假说展开辩论。到了这时,主流意见已经开始偏爱原子论了,但仍有值得注意的异议存在。许多著名化学家欣然接受了化学的化合定律就是这一学科的基本规则的观点,认为没有理由沉湎于对不可见的粒子的过度猜测。

德国化学家奥古斯特·克库勒(August Kekulé)曾在家中壁炉旁的扶手椅上打盹,梦到几条蛇咬着自己的尾巴,这让他产生了灵感,提出了苯分子的环形结构;这个著名的梦还让他产生了一个更加不好理解的想法。他不仅接受道尔顿和其他人有关化学原子存在的观点,还注意到,一些物理学家最近也根据自己的理由开始进行有关原子的论证。但化学家所说的原子与物理学家所说的原子是不是同一种东西呢?克库勒认为不是,至少他觉得,任何认为它们是同种事物的判断都缺少根据。

对于这位化学家来说,一个原子应该是一个性质基本可被触知的东西,它在某些方面具有它所表示的那种物质的一些特性。按照它们各自的性质,它可以与其他原子结合或链接。在大部分化学家的想象中,大量原子是静止不动地堆积在一起的,就像一只放在木板箱中的橙子那样占据着空间。

15

物理学家的想法与此大相径庭。他们心目中的原子是个坚硬的小粒子,在基本上空无一物的空间内高速飞行,但相互间偶尔会发生碰撞并反弹。这些原子的角色是特定的。在19世纪大约进入半程的时刻,一些倾向于使用数学方法的物理学家开始追随这样一种观点:原子的狂乱运动或许能够解释在那个时候仍然扑朔迷离的热现象。当一定量的气体中的原子得到能量的时候,它们的飞行速度将变快,相互冲撞时便会更为狂野,撞击容器器壁时的力量也会更大。这就是气体受热时会膨胀并产生更高压强的原因。在这一所谓的热动力学理论中,热只不过是原子运动的能量而已。其中带有的更深刻的含义是,热和气体的宏观物理现象,必然由微观的原子行为产生,这些原子在严格遵循牛顿运动定律的情况下运动和相互碰撞。

由此,有关原子性质的可靠的陈词滥调就产生了:原子形如台球,坚硬但充满惰性,盲目地四处碰撞。这种原子的图像是否与化学有关则是另外一个问题。物理学家承认,一种气体的原子可能比另一种气体的原子轻或者重,至于为什么各种不同的气体会有完全不同的化学性质,则与物理学毫不相干。

简而言之,在这些早期岁月中,原子并不是一种统一的假说。如果说化学家与物理学家没有多少共同语言的话,显微镜工作者与生物学家之间的距离就更为遥远。动力学理论带有数学上的复杂性,这让除了极少数人之外的大多数人望而却步。与此同时,典型的数学家即使确实知道布朗运动,大多数也可能认为它不过是一种无足轻重的现象,仅仅带有严格的植物学意义。

尽管如此,几大学科之间存在的一项联系正等待着人们发现。第一条线索来自路德维希·克里斯蒂安·威纳(Ludwig

Christian Wiener)。他一生中的大部分时间都在德国的大学中教授数学和几何学。1863 年,在用实验验证了布朗多年前观察到的一切现象之后,威纳感到可以公布一项虽然带有猜测性但十分有趣的建议。如果布朗粒子在其中舞蹈的流体实际上是一泓由翻滚着的狂暴原子组成的池水,那么这些原子就会从四面八方撞击那些悬浮的粒子。他提出,这些看不见的原子的不稳定又不间断的扰动将使更大的可见粒子发生无法预测的碰撞。

16

与这一主题错综复杂的历史一样,威纳的大胆提议几乎没有引起任何人的注意。

接着又出现了一些法国和比利时的耶稣会教士,他们继续尝试为布朗运动寻找科学说明。19 世纪的许多教士继续保持着对科学积极且有益的兴趣。他们观察科学现象,收集各种科学资料。他们感兴趣的科学包括植物学、地质学、动物学等。这种科学与牧师之间的联系在《米德尔马奇》(*Middlemarch*)一书中得到了叙述。当时,无神论者、一心探索科学奥秘的利德盖特博士(Dr. Lydgate)探访了对非神学人士十分热情的法雷布拉泽教士(Reverend Farebrother),发现这位教士手中掌握着一大批令人印象深刻的自然历史藏品,其中包括样品、书籍和杂志。利德盖特很高兴遇到一位自然科学哲学家同道,便给法雷布拉泽展示几件自己的藏品,其中最有意义的是:“如果有什么东西是你过去从来没有听说过的话,那就是布朗的新文章:《植物花粉的显微镜观察》。”[5]

更重要的是,耶稣会教士和许多其他教士在哲学、逻辑学,甚至数学方面接受过广泛且惊人严格的教育。这批人对于处理我们今天所谓的跨学科问题具有得天独厚的优势,但在当时,这些学科只不过是科学事业的一个组成部分。与此形成鲜明对照的是,19 世纪后半叶数学物理学家开始成为异类,一个深奥难明的领域开始形成,即使那些足够精通数学的业余人士也越来越不敢进入这一领域。

17

这一日益明显的分裂意味着,到了 19 世纪 70 年代后期,一批科学家领悟了对布朗运动做出的正确的定性解释,但缺少必要的手段,无法以令人信服的定量方法描述他们的假说。十分奇怪的是,很难找到一个能看到问题的答案的人。[6]例如,在 1877 年的一期《伦敦显微镜研究月刊》(*London Monthly Microscopical Journal*)上,我们看到耶稣会教士约瑟夫·德尔索神父(Father Joseph Delsaulx, S. J.)提到的一份未署名的同事的文章。文章认为,布朗运动是由液体中的原子或分子对小微粒的不停碰撞造成的。(到了这个时候,化学家们已经建立了原子与分子之间存在差别的概念,即前者是基本粒子,而后者是由原子结合而成的。)

三年后,耶稣会教士 J. 蒂里翁神父(Father J. Thirion, S. J.)在《科学研究问题评论》(*Revue des Questions Scientifiques*)上发表的一篇文章中提到,几年前,他在一本未发表的实验室记录册中见到了一份匆匆写下的类似观点,"作者是一位读者们熟知的上帝的仆人——卡波内利神父(Fr. Carbonelle),我们的另一位同事莱纳德神父(Fr. Renard)首次给他演示了微小粒子的奇特运动”。蒂里翁善解人意地为读者解释,这些微小粒子是被封闭在石英样品中的少量液体中肉眼可见的深色极小点状物。它们实际上是封闭在这些液体物质内的气泡,以我们现在已经很熟悉的方式急速起舞。德尔索神父也提到了微小粒子,并补充说,大家都知道,石英形成的历史非常悠久,因此这说明布朗运动必定已经持续发生了数百万年。他认为,这种情况显然不是由于外界的影响才发生的。德尔索神父确信,莱纳德神父给卡波内利神父做的演示必定是微小粒子周围不停跳跃的分子对其撞击造成的结果。

这批神学家确实走在了解决问题的正确道路上,但他们未能掌握足够精良的数学工具,以致无法前进太多。德尔索模糊地提出,观察到的布朗运动的幅度(即一个粒子在一次急转之后能够行进多远、多快),必定与他所说的“大数定律”存在着某种关系。到了这个时候,人们已经很清楚地知道,一个液体分子对布朗粒子的单次冲击远不足以造成粒子的任何可观察到的运动。实际发生的情况应该是,分子从各个方向持续撞击粒子,但这些撞击并非始终一致。布朗粒子各个侧面的不同撞击使这些粒子不停运动;与此同时,涉及这些冲击的分子数越多,它们的随机冲击便越倾向于互相抵消,从而使运动的激烈程度下降。德尔索口中的所谓“大数定律”显然暗指某种统计推理。原则上说,布朗运动的幅度应该与液体中分子的大小、数量和速度存在某种联系。除此之外,他无法得出更多的信息。

18

十年后,一位法国非教士科学家路易–乔治斯·古伊(Louis-

Georges Gouy)做了一系列关于布朗运动的细致实验,他把布朗运动恰如其分地描述为“有特色的持续震颤”[7]。他评论道,尽管布朗的决定性研究距今已有六十年,人们仍然普遍认为,这种运动是“某些外界干扰所造成的偶然现象”。但是,他又重复了布朗和威纳以及其他耶稣会教士的意见,并说情况显然并非如此。他的实验又一次说明,在任何液体中,各种粒子都会出现这种运动。他找不到任何不会在液体中起舞的粒子。他得出结论,分子的运动是造成这种现象的原因。这一结论与当时其他人的结论相同。

但他又大胆地向前走了一小步。他首先向读者保证,布朗运动并不像某些人想象的那样是一种永恒不变的运动,这显然是最近刚刚确立的热力学定律所不允许的。他解释道,当分子在液体中到处活动的时候,它们两两之间也会发生碰撞并发生能量交换,其结果就是让有些分子运动得比以前慢一些,另一些则比以前快一些,但在碰撞前后,各个分子分享的总能量保持不变。这一点没有问题。然后他又指出,根据人们最近的估算,分子的典型速度大约是布朗粒子看上去的运动速度的1亿倍。这一点也没有问题,“大数定律”会处理这一点。但与德尔索神父一样,他无法提出与粒子的大小、粒子中分子的数量,或者粒子受液体分子碰撞的次数相关的特定计算。

很显然,布朗运动是一种统计现象:微小粒子表面上不可预测的随机运动,以某种方式反映了不可见分子的集合运动或平均运动。人们或许无法详尽地解释一个布朗粒子为何如此运

19

动,但它的运动的总体参数应该遵照不可见分子的运动的某种合适的统计测度。

然而,少数几个洞悉这种联系的早期探索者没有掌握必要的工具,他们无法让这种理论化达到数学上的准确性。而且,或许正是因为他们无法提出某种特定计算,所以也无法看到由此而来的概念上的难题。如果造成布朗运动的分子运动严格遵守牛顿式的因果律,遵守绝对的可预测性规则,那怎么会出现一种看上去证明了偶然作用的现象呢?动力学理论的那些更富有经验的倡导者很快就会发现,这正是他们必须要面对的难题。

第二章　熵一直在努力走向最大值

20

1889 年，路易 - 乔治斯 · 古伊在研究布朗运动时，对“物理学家几乎没有关注这种现象”[1]感到疑惑。他声称，素有 19 世纪最杰出的理论家之称的苏格兰物理学家詹姆斯 · 克拉克 · 麦克斯韦（James Clerk Maxwell），也未能意识到这一问题的重要性，因为麦克斯韦显然相信，如果“用一台放大率更高的显微镜进行研究……那么布朗运动将仅仅表现出更为完善的静止状态”。换言之，更为优良的光学仪器将让这一恼人的现象不复存在。

令人遗憾的是，正如那时经常发生的那样，古伊并没有标明麦克斯韦这一声明的出处，并且直到今天，人们也无法确认他的这项指控是否确有根据。不过，我们也确实无法从麦克斯韦发表过的任何著作中找到任何暗示，说明他认为能在布朗运动中找到气体与液体的分子结构的线索。他没有提及布朗运动令人感到非常惊讶，因为第一个使用统计学方法解决物理学难题的

21

人正是麦克斯韦,而且他后来还推动了热动力学理论向精确的数学化的方向发展。

早在 17 世纪中叶,布莱兹·帕斯卡(Blaise Pascal)、皮埃尔·德·费马(Pierre de Fermat)以及其他人已经找出了多种纸牌游戏和掷骰子游戏中数学概率的简单定律,但很久之后,这些想法才离开赌场,登上大雅之堂。1831 年,比利时数学家阿道夫·凯特莱(Adolphe Quetelet)根据作案者的年龄、性别、教育程度,案发地的气候情况和案发时间在一年中所处的时间段,用表格列出了法国的犯罪率。无论是好是坏,此举都为在人口统计和社会科学中广泛应用统计方法开了先河。

大约三十年后,受到凯特莱著作的影响,麦克斯韦开始使用一种别出心裁的方法证明土星的环必定是由尘埃构成的。麦克斯韦把这些环视为受土星的重力控制的微小粒子的集合体,从而创立了一个统计描述,赋予这些微粒不同的尺寸和轨道速度。通过将标准的力学分析应用于这个模型,他成功地证明,如果这些环能够长期保持其形状,那么这些粒子的尺寸就必定处于某个有限的范围内。

此后不久,麦克斯韦还发现,他可以使用类似的方法描述构成一定体积的气体的原子,这些原子高速运动,互相碰撞。在试图理解热的本质的过程中,物理学家发现他们不得不认真对待统计学和概率问题。但从一开始,这种探险便存在着某种令人不安甚至可以说是自相矛盾的地方。

如果热只不过是大量原子集体喧闹的结果,那么热的物理学最后必然遵循运用在这些原子身上的牛顿运动定律。原子碰撞应该像台球桌上的碰球反弹那样，是可以计算的，在这种情况下，热的行为也应该可以预测。拉普拉斯侯爵（Marquis de Laplace）是18世纪最重要的牛顿主义发展者之一，他发表过一篇著名文章。在这篇文章中我们可以看到，他以最精湛的数学技艺抓住了科学万能主义的精髓。这种观点认为，宇宙中的每一个粒子都必须遵循某些严格的、理性的定律。下面一段话即引自这篇文章： 22

> 我们或许可以把宇宙的当前阶段视为其过去的结果和将来的原因。某种庞大的智力可以在任何时刻知晓所有推动自然的力和所有组成自然的成分的相互位置。假如这个智力足够强大，能够分析所有数据，能够把宇宙中最大的天体以及最轻的原子的运动都包含在一个简单的公式中，那么对于这样一种智力来说就没有什么是不确定的，未来也如过去般呈现在眼前。[2]

没有什么是不确定的，这就是关键。用另一位法国人的话来说就是 *Tout comprendre c'est tout prédire*，即要想明了一切，就要预测一切。从如此宏伟的雄辩出发，可得出所有熟悉的老生常谈：世界如机器，宇宙如钟表，所有的科学最终都是决定论的，不可阻挡。

但另一方面，物理学家很快便意识到，任何真正计算一定体积的气体中每个原子或者分子的个别行为的愿望都无法实现,而且明显荒唐可笑。(到了 19 世纪后半叶,科学家对分子之微小及分子数量之多有了相当精确的了解。比如,实验室中一只装满了水的长颈玻璃瓶中便包含数亿个分子。)为了通过对大量原子和分子进行理论说明而得到具有实际意义的成果,物理学家不得不求助于对它们的行为的统计描述,并把有关完美知识的乌托邦式目标抛诸脑后。这种妥协并没有在任何地方表现出更多的令人不安之处,只是隐隐动摇了恶名昭彰的热力学第二定律(即有关熵以及秩序与无序之间的竞争的定律)的地位。

23

热从较热的物体向较冷的物体流动,而且很明显,不会反向流动。1865 年,德国物理学家鲁道夫·克劳修斯(Rudolf Clausius)宣布:*Entropie strebt ein Maximum zu*。他杜撰了一个新词——熵(entropy),并且说“熵一直在努力走向最大值”。当热在自身周围分散,达到尽可能均匀和平稳的时候,熵便达到了它的最大值。把两块冰放入一份饮料中,热将通过液体流向较冷的冰块,于是冰块融化,饮料变冷。在这个过程中,熵会增加。下列假设是被热力学第二定律判定为不可能发生的事情:将冰块周围的冷饮加热至沸腾,从而令冰块变大,导致熵变小。

克劳修斯和其他人是在热的真正本质被人理解之前提出热力学第二定律的。他们认为这一定律是严格的、准确的,因为人们认为物理定律理应如此。热总是从较热的地方流向较冷的地方。熵只能增加。

热只是原子的运动这一认识,似乎首先澄清了第二定律。

如果一些高速运动因而较热的原子与一些低速运动因而较冷的原子混合，则很容易理解的是，原子之间的随机碰撞倾向于降低高速运动的原子的速度，从而提高低速运动的原子的速度，直至所有原子都以相同的速度运动。那时，各处的温度都会一样，而熵也适时达到了最大值。反之，高速原子从低速原子那里获取能量并加快速度，从而让低速原子的速度更慢的现象看上去是不会出现的。 24

1877 年，行为乖张又易怒的奥地利物理学家路德维希·玻尔兹曼(Ludwig Boltzmann)证明了一个艰深的数学定理，这个定理说的就是上面这件事。他发现了一种方法，可把熵定义为描述运动原子的统计测度，并证明了原子之间的碰撞将把熵推向最大值这一想法。我们正是从玻尔兹曼那里了解到熵必定与秩序或者无序有关。在一个装有某种气体的容器中，如果所有高速原子都集中在容器的一端运动，所有低速原子都集中于另一端，则依照这种安排出现的状态将具有极不寻常的有序性，这时熵值较低。而如果让所有原子相互混合，令其自由碰撞并尽可能平均地分享能量，它们就会达到最大熵值的状态。从原子尽可能随机排列的意义上说，那时候的原子将处于最无序的状态。相应地，人们对原子在做什么也更加无知。

但玻尔兹曼的定理似乎有什么地方不大对。熵的增加代表了某种方向性，这种过程总是单向的，从来不会逆向而行。然而，原子运动所遵循的牛顿定律从时间角度而言是完全不偏不倚的。如果一组原子运动是在时间反演的方式下进行的，它们将仍旧遵守牛顿定律。在力学中过去与未来并没有本质差别。但在玻尔兹曼从力学中精心推导出的定理中，这一区别却神秘地存在。

在玻尔兹曼证明他的定理之后没多少年，法国数学家亨利·庞加莱(Henri Poincaré)证明了一个定理，这一定理似乎与玻尔兹曼的定理相冲突。这个定理适用于组成某种气体的一组原子，它认为在时间最终达到无限的情况下，原子的各种可能状态迟早会出现，而这些状态分别对应于高、低、中熵值以及存在于中间状态的所有熵值。在这种情况下，熵似乎不但能够增加，而且还必定能够减少。

25

这种令人困惑的情况让一些物理学家产生了一种极端的认识。他们认为，原子不可能是真实存在的，因为它们导致了理论上的自相矛盾。有些地区的人们热烈欢迎这个结论。特别是在说德语的地区，那里出现了所谓的实证主义科学哲学。这种哲学的推崇者认为，原子从根本上讲就是不合理的，科学应该研究那些看得见摸得着的东西，那些实验者可以直接观察或测量的东西。这就意味着，原子最多只能算是人们的一种猜测，而严格地说，以这样的原子为基础的推理只不过是假说。实证主义者坚持认为，原子并非实际存在的、可信的事物，以原子为基础是无法产生真正的科学的。

人们进行了各种转弯抹角的努力，试图解决玻尔兹曼与庞加莱的定理之间的明显矛盾，但结果只不过是让实证主义者更加欣喜。矛盾的本质在于，玻尔兹曼的定理并非全然有效，因为他为了解决一些可怕的数学问题而不得不做出某些假定。通常,有序排列的原子将会变得无序,这一过程要比相反的过程更为可信,但人们也不能全然否定后一种过程存在的可能性。

在这种限定条件下,物理学家意识到,他们的热力学说出了一些相当出人意料而且微妙的东西。他们看出,熵必定永远增加、热必定永远从较热的物体流向较冷的物体,这两点并不是绝对肯定的。在原子的某些碰撞方式下,一小部分热能有可能从较冷的地方传向较热的地方,从而让熵在一瞬间减少。概率不可避免地出现了。在绝大多数时间里,任何事情都将按照人们预期的方式发生。原子之间的碰撞几乎总会增加无序,从而令熵增加。但相反的过程并非完全不可能,只不过很少发生。

26

这种模糊暧昧的结论让实证主义者更为愤怒。他们说,如果一条物理定律有其存在的意义,则它必须具有确定性。说什么热最有可能的情况是从较热的地方流向较冷的地方,但它的反向流动也可能存在,无论这种可能性何等渺茫——这是对科学思维的嘲弄。这是让人进一步不相信所谓原子这一神话的理由。

对于支持原子论的物理学家来说,以某种实证主义者可以接受的方式证明他们的学说现在成了一项紧要任务。1896 年,玻尔兹曼本人在回应他的批评者时灵机一动,想出一个有利于原子论的简单明确的论据。他写道:“气体中的小粒子表面承受的气体压强时而略强,时而稍弱,可能正是这种情况造成了气体中小粒子的可被观察到的运动。”[3] 换言之,因为气体是由原子构成的,又因为这些原子以一种离奇的方式舞蹈,所以这种气体中的小粒子才会以无法预测的方式前后左右地运动。这正是古伊在蒂里翁神父和德尔索神父之后说过的话,但很显然,玻尔兹曼并不知道这些。布朗运动不但为原子的物质本性,还为内在于原子运动的随机性提供了直观证据。玻尔兹曼是提出这一想法的第一位具有深厚数学造诣的物理学家。

但玻尔兹曼的这一即兴评论并没有引起任何人的注意,而且从那以后也几乎没有引起过任何科学史家的注意。他的那种随意的方式说明,连他自己都没有觉得这种说法有多么新奇或者特别重要。如同蒂里翁、德尔索和古伊一样,他并没有觉得分子的运动可以解释布朗运动是多么令人吃惊的事情。不像之前那些学者,只是笼统地提到"大数定律",玻尔兹曼精通统计学技巧,他本可以通过隐身于幕后的原子运动计算出布朗运动的预期大小。

27

但他并没有进行这方面的努力。麦克斯韦未能注意到布朗运动告诉物理学家的东西。现在玻尔兹曼得到了启示,但他或许认为这简直一目了然,因此没有深入挖掘。

又一个十年匆匆流逝,有关布朗运动的故事即将得出举足轻重的结论,而就在这个故事发展到这里时,我们将第一次见证阿尔伯特·爱因斯坦的深邃洞察力。1905 年,26 岁的爱因斯坦装束整洁得体,由于没能在学术界谋得一个职位,只好屈尊在波恩的一家专利办公室工作。他发表过几篇论文,但远远没有达到在物理学界扬名立万的程度。这种情况即将发生改变。

爱因斯坦是玻尔兹曼那些极有分量的科学专题论文的崇拜者，尽管坦白地说，这些文章实在有些啰唆。青年爱因斯坦就此着迷于物理学中的统计问题，以及随之而来的有关原子是否存在的争议。他终于在某一刻意识到，沉浸在某种液体中的一个尺寸恰当的小粒子会发生不规则的运动，其原因是分子发生碰撞。这一点与玻尔兹曼说的完全相同，不过爱因斯坦也跟其他所有人一样，未能注意到这位先驱的晦涩言论。但不管怎么说，爱因斯坦做出了更深入的研究。他在想，粒子的运动幅度大到能在显微镜中被观察到，这是否能成为原子假说的一个直接的定量试验？这恰恰是实证主义者要求看到但又认为完全不可能做到的。于是，他决定把答案计算出来。

这并不是一种简明的推理。古伊当时便意识到，一般来说，一个布朗粒子应该具有与它悬浮于其中的液体分子相同的动能。那些体积要比布朗粒子小得多的分子会以非常高的速度运动，而布朗粒子碰撞的速度相对要低很多。在分子的平均速度和液体中粒子的平均速度之间应该有一种简单的关系。但布朗运动的奇特本性让人们难以用某种有效的方式定义粒子的平均速度，而在19世纪末，实验工作者没有能力准确测量或者记录这样一个粒子左冲右突的情况。

28

爱因斯坦独出心裁，另辟蹊径。他找到了一种计算方法，这种方法计算的不是一个悬浮粒子的运动有多快，而是在某个时段，这个粒子的四下运动会让它移动多远。例如，人们可以以某个粒子的初始位置为圆心画一个小圆，并记录它平均需要多长时间才能到达圆的周线。通过这种方法,爱因斯坦得到了一个理论上的结果,可以通过实际考察加以检验。最后,在罗伯特·布朗对悬浮在液体上的小粒子的运动做出科学描述之后近八十年,爱因斯坦对这种现象产生的真正原因进行了第一次定量解释。1905 年是爱因斯坦横空出世震撼世界的一年。他对布朗运动的犀利分析是他这一年发表的四篇历史性论文中的一篇。在其他论文中,他向当时困惑不解的物理学家提出了狭义相对论,并提出了引起争论的关于光的本性的观点。

不过,这是一个让人气恼的讽刺。后来人们得知,爱因斯坦开始进行计算时,根本不知道存在着布朗运动这样一种现象。他只是在撰写论文的过程中才发现,好几代显微镜学家、植物学家和其他人早已熟知这一现象。他在论文的导言中小心翼翼地说:“本文将要讨论的运动可能就是所谓‘布朗分子运动’。但关于后者,我所能确定的细节尚不够精确,因此无法对此做出判断。”[4]

29

三年后的 1908 年,法国物理学家让·佩兰(Jean Perrin)进行了一系列精心策划的实验去测量布朗运动,并将他的发现与爱因斯坦的理论加以对照。结果两者完全符合,而佩兰的实验经常被人当作有关原子存在的决定性证据。对于大多数物理学家来说,这一点并不让人感到意外,而是对他们长期以来坚信不疑的事实的可喜确证。除了一两个例外,即使那些最死硬的原子论反对者现在也不得不举起了白旗。

从这一刻开始,原子的存在就成了无可置疑的事实。与此同时，统计思想也在物理学理论化中稳稳取得了一席之地。这两件事情是紧密联系在一起的。那些多年来一如既往支持动力学理论的人对这一发展极为满意：任何有关原子的有用陈述都必定与统计推理有关。热力学第二定律的不确定本质可以坐稳它的位置了：熵的确几乎总是在增加。

尽管如此，决定论终究还是幸存下来了，至少看上去如此。当然，对于爱因斯坦来说，统计推理的吸引力恰恰在于它能让物理学家对大量原子的行为做出定量陈述，尽管单个原子的个别行为仍不在观察者的观测视界之内。真正重要的是，那些运动遵守着准确无误的严格规则。因此，自然从根本上来说仍然是决定论的。问题是，科学观察者无法收集所需要的所有信息用以实现拉普拉斯的理想，即得到可以导致完美预测的全部知识。

物理学家无法全面评价已经发生的一切，他们巧妙地修正了他们对于理论的意义的看法。直到这个时候，一个理论还被认为是一套能够说明或解释某些事实的规则，理论和实验之间存在着一种直接的、准确的双向交流。但现在情况不再完全如此了。现在，理论包含着一些物理学家确信在现实中存在的东西，然而这些东西却无法通过实验得到。对于理论研究者而言，原子是确实存在着的，而且有确定的位置和速度。而对于实验工作者来说，原子只是通过推理才存在的，且只能通过统计推理加以描述。理论说出的是关于物质世界的完整且正确的图景，实验却只能通过实践揭示这个世界。这两者之间出现了鸿沟。

30

这中间缺失的并不是对一个决定论的物质世界的基本设

想,而是用科学方法完美地解释世界的拉普拉斯式的期望。宇宙按照它的固有设计平静地展开,科学家可以对完全理解这一设计抱有合理的希望,但他们似乎不能得到有关如何实现这种设计的完备知识。他们知道蓝图,却不知道每块砖瓦的形状和颜色。

瞥见这一困难的一位评论者是历史学家亨利·亚当斯(Henry Adams)。他极有特色的自传《亨利·亚当斯的教育》(*The Education of Henry Adams*)描述了一个具有经典传统智慧的人,一个政治、文化和宗教方面的学者,怎样在日益受到科学和技术驱动的世界中站稳脚跟。他并不是反对科学,而是发现科学过于宏大,难以逾越,让人感到恐惧。

亚当斯听说了物理学中的统计推理的发展,而且以大部分科学家都不屑的方式发现了其中的难解之处。当然,科学的目标是完整和完美,而现在,正如亚当斯高深的表达所言:"科学综合通常称为统一的正是科学分析通常称为多样性的东西。"[5]以31他多少有些偏激的方式说,从哲学的角度出发,动力学理论似乎距离混乱和无序只有一步之遥。如果从现在起,预测永远只能进行粗略的估计,那么在科学中追求统一和综合又有什么意义呢?

亚当斯询问了他那些具有科学和哲学头脑的朋友们,但他不禁哀叹道:"有关这一点,所有人都断然拒绝帮助。"或许他们无法抓住他的真实意思。亚当斯很喜爱高深莫测、晦涩难明的雄辩。对于科学家来说,他们在意的似乎只不过是,他们的统计理论能够真正地让他们更好地理解宇宙，更准确地进行预测。他们现在比过去了解了更多的事物，而在未来，他们的理解还会加深。缺失似乎只是观念性的、形而上学的和哲学方面的，因而并不具备科学上的意义。

第三章　一个谜：一个令人震惊的深刻主题

32

更准确地说，到了20世纪的头十年，科学界已经充斥着一大批有关原子的学说了，它们各有各的作用，且相互之间不存在明显的联系。其中比较有道理的是化学家口中的原子，它们是不可分割的物质单元，参与反应并结合形成分子。不如化学家的原子那么受人尊崇的是物理学家口中的动力学原子，它们的原型是台球，这些原子的随机碰撞让热力学定律有了内容。单从理论上看，这两种原子模型之间基本上没有什么交集。而在1896年，已经从人类科学家那里领受过太多任务的原子又接到了一项新的使命。

亨利·贝克雷尔（Henri Becquerel）发现了放射性，这又一次为人类意外发现珍宝的能力提供了强有力的证明。1896年1月1日，一位名叫威廉·伦琴（Wilhelm Röntgen）的德国物理学家向他的欧洲同行公布了一项令人震惊的观察结果。为了证明他的

33

观点,他放了一张他的手的照片,更准确地说,是一张手的骨头的可怕的照片。在照片中,他依稀可见的肌肉边缘有一层微弱的光晕,他随意套在无名指骨骼上的婚戒的影像很清晰。这是世界上第一帧 X 射线照片,它不仅在科学界引发了轰动,其冲击也传入了报界,各家报纸争先恐后地刊登骨头的照片、意外镶嵌在肢体上的钉子的照片,以及各式各样的畸形骨骼的照片。

伦琴的发现纯属偶然。他的实验室里有一根放电管,他注意到,放电管附近的荧光屏幕上出现了奇怪的闪光。于是,他进行了进一步查证。当他把手放在放电管与屏幕之间时,手上的骨头突然间变得清晰可见。事实证明,许多年来,物理学家一直就在制造 X 射线,只不过他们自己并不知晓。这条消息甫一发表,全世界的实验室都开始探索这种看不见的穿透射线。人们很快便确认,这是一种电磁波辐射,它们的波长短于可见光和紫外线。

1896 年,贝克雷尔在位于巴黎的法国科学院的一次会议上见到了 X 射线的图像,随后便有了一个预感。他的父亲和祖父都是著名物理学家,都毕业于巴黎综合理工大学(École Polytechnique),都是法国科学院(Académie Française)的成员,而且先后担任过自然历史博物馆(Musée d'Histoire Naturelle)的物理部主席。亨利的儿子让·贝克雷尔(Jean Becquerel)后来也走上了与他的几位直系先辈相同的道路。这几位贝克雷尔先生的研究领域相当广泛,包括电、化学和日光,但是一项特定的兴趣成了他们家族的传统。他们都研究荧光,即受强光暴晒后的某些矿物

质，置于黑暗中时能自行发出暗淡辉光这种现象。亨利的父亲曾赢得含铀矿物质荧光问题专家的特别声誉。 34

在听说X射线的消息之后，亨利·贝克雷尔便考虑，这种奇异的新射线是否和他了如指掌的荧光现象存在某种内在联系。他的第一批实验似乎证实了这种猜想。他使用了多种荧光矿物质，其中包括他父亲偏爱的硫酸双氧铀钾。他用厚厚的不透光黑纸紧紧包着底片，然后把这种矿物的样品放在它们上面，接着又把样品置于明亮的日光下，用以激发它们的荧光。几小时后他冲洗了这些底片，发现含铀矿物质下面的底片上出现了雾状影像，这是某种穿透了不透光黑色纸张的射线留下的痕迹。于是他得出结论，被阳光激活的这种矿物样品正在放射出X射线。

但是后来很不巧，巴黎出现了一段阴云密布的天气，好多天都不见阳光。贝克雷尔把他的实验用矿物质连同底片一起放进了一个抽屉里。有一次，或许只是想要测试包好的底片是否完好，贝克雷尔从昏暗的储藏室里拿出其中一张冲洗了出来。让他极为吃惊的是，这张底片上也出现了雾状影像。尽管没有暴露在日光下，这份含铀矿物质还是放射出某种辐射，它穿透了厚厚的黑纸，让底片上的光敏感化学物质发生了反应。这种辐射既非X射线，也不是传统的荧光，而是一种奇特的新辐射，它是这种矿物质本身所固有的特性。贝克雷尔将这种辐射称为*Les rayons uraniques*（铀射线），这个名称总结了他所知道的一切。

他向科学院报告了他的发现，却得到了不冷不热的反应。X

射线还在持续让人们心驰神往，因此贝克雷尔的模糊斑点几乎还无法与破损的骨头的显影竞争。他耸了耸肩，就回到自己的实验室里去了。对于伦琴偶然发现的X射线，贝克雷尔构想了一个不正确的假说，随之进行了一次让人误入歧途的实验，但被坏天气推到了一个更有趣的实验中。就这样，他跌跌撞撞地跨入了一个全新的科学领域。但偶然奇遇的光辉也只是照耀到此便戛然而止，贝克雷尔的灵感无以为继。他不知道他还能再做些什么，好像没有谁对此有任何兴趣。

35

直到第二年年底，一位年轻科研人员的出现方才打破僵局。她正在展望科学界尚未划定的疆域，制订着自己的征服大计。就在这时，她把目光投向了铀射线。这位科学界的菜鸟便是玛丽·居里夫人（Madam Marie Curie）。她生于华沙，父母都是教师，出生时的名字是玛丽娅·斯克洛多夫斯卡（Maria Sklodowska）。因为波兰当时处于俄罗斯的专制统治之下，玛丽娅和她的姐姐布罗尼亚（Bronia）便酝酿了一个计划，准备前往其他地方寻找自由。布罗尼亚来到巴黎学医，而被法国人称为玛丽的玛丽娅则选择了物理和数学。与大多数其他欧洲城市相比，巴黎对女性学生更为友善；但即使在这里，她所做出的选择也很勇敢。人们普遍认为，根据女性的智力，哪怕她们受过教育，也更适合于从事更为温柔的医学和生物学领域的工作。但玛丽顽强、独立，最终开拓了自己的发展之路。她与皮埃尔·居里邂逅并喜结连理，后者是一位比她年长八岁的物理学家，但在固执方面与她不相上下。这对夫妇开始了他们毅然决然的科学探索之旅。

贝克雷尔确信铀是放射铀射线的关键成分，但玛丽·居里不为所动，坚持系统地探查各种矿物质，无论它们是稀缺的还是普通的，以确定它们是否会发出穿透性射线。金和铜毫无效果。正如贝克雷尔确定的那样，所有含铀矿物都能产生射线；但不含铀的易解石也能发出射线。主要的铀矿石沥青铀矿确实能发出射线，但这些射线看上去实在过于强烈。玛丽计算了这种矿石理应产生的射线强度，但实际发出的射线强度超过了按照其含铀量应该具有的理论值。因此，她很快便得出结论，除了铀之外，还有其他物质也能发射“铀射线”。

36

居里夫妇一起开始了一项极其困难、痛苦且特别烦琐的工作——从沥青铀矿中提炼出额外的放射源。一种用于从矿物质中提取已知元素铋的化学分离过程，能够让他们从沥青铀矿中得到带有活性的残存物。他们知道，铋本身并无放射性。因此，必定有某种与铋一起存在但化学性质与其类似的新元素，它便是这种活性的来源。居里夫妇于1898年公布了这一结果，并提议将这一新元素命名为钋，用以对玛丽的祖国表示敬意。同年晚些时候，他们又在金属钡的化学提取物中发现了第二种元素存在的证据。他们把这种新元素称为镭，同时在报告中为贝克雷尔首次发现的现象起了一个新名字：放射性。

随之而来的是科学史上最困难重重、艰辛疲惫、险恶丛生的努力之一。居里夫妇从位于捷克斯洛伐克约阿希姆斯塔尔(Joachimsthal)的一座沥青铀矿中得到了10吨矿渣，这是金属铀提炼后的残留物。[这里生产的金属用于德国的铸币业,其中一种旧银币的名字叫泰勒(Thaler),后来摇身一变成为“元”。]他们得到允许,可以使用一座摇摇晃晃的大型陋室。但是这座屋子的玻璃顶棚漏水,即便天气很恶劣,他们也必须一直开着窗户,这样才能让有毒烟雾散到室外。在那些可与《麦克白》相匹敌的场景中,玛丽·居里在烟雾缭绕的房间里加热、搅拌着大坩埚,里面盛着矿石残留物和化学溶液。她一次又一次地处理重达几十公斤的渣滓,把它们变成只有几克重的珍贵馏出液。然后,她把这些馏出液聚到一起,并进一步提纯,提高其中镭的浓度。在此后两年中,她持续不断地向法国科学院报告她在分离提取新元素的过程中所取得的进展。随着镭的浓度不断增加,37她的少量样品开始因其放射出的辐射而在暗夜中闪光。她和丈夫闭上眼睛,把这些具有强烈放射性的放射源放在眼前,透过眼皮依稀看到,闪光和流星出现在了他们的眼球上。

1902 年 7 月,在经过近四年的科学苦役之后,玛丽·居里终于能够宣布,她从 10 吨矿物残渣中成功提取了 0.1 克纯金属镭。当时,由德米特里·门捷列夫(Dmitri Mendeleyev)创造的伟大系统——元素周期表,才刚刚走过三十多个年头。这张表上又添加了一个新的元素,这一点让人们感到十分振奋。而且,完全可以说,镭是一个奇特的新来者,这个新元素拥有神秘的甚至可能令人惊恐的能量。

多亏玛丽·居里付出的极其艰辛的努力,镭开始得到人们的关注。在 1900 年巴黎世博会上,作为一个十分困惑但又自觉的观察者，亨利·亚当斯面对展出的机器和科学成果大为惊叹。他在美国天文学家塞缪尔·兰勒（Samuel Langley）的陪同下四处查看。兰勒曾测量太阳发出的所有光线的能量，包括可见光和不可见的红外线。亚当斯以夸张的方式叙述道："兰勒通过自己测得的光线将太阳的光谱扩展了1倍，但他的光线都是无害且仁慈的，而镭却违背了它的神。或者也可以按照兰勒的方式说，它违背了科学真理。它拥有的是一种全新的力量。"[1]可以肯定的是，科学家一定会反对放射性是一尊新神的说法，但毫无疑问，这是一种当时的物理学尚无法解释的现象。

由于他们的发现，居里夫妇与亨利·贝克雷尔共享了1903年的诺贝尔化学奖。① 他们是这一新现象的整理者和分类者。但是，这些放射性辐射到底是什么呢？是什么过程释放出了它们？玛丽·居里的天赋并不适于解答这些问题。不过，她发表的颇有先见的评论，说明她能超前看出这一未解之谜的本质。38她对各种不同的放射源进行了一丝不苟的检查，这让她不可避免地得出了以下结论：放射性辐射的强度取决于放射源中放射性元素的数量，除此之外别无其他。无论这种元素以何种化学形式呈现，无论样品当时的温度多高，无论在光照下还是在黑暗中，无论有无电场或者磁场，它的强度都不会发生改变。她于1898年12月写道："放射性是一种原子属性。"[2]也就是说，它的

① 原文如此。但实际上是物理学奖，玛丽·居里在1911年获得诺贝尔化学奖。——译者注

强度仅仅与样品中含有多少单纯的铀原子或者钋原子或者镭原子有关。

两年后,居里夫妇为与巴黎世博会联合举办的国际物理学会议准备了一篇综述文章,他们在文中提出了一个甚至更富想象力的说法:“辐射的自发性是个不可思议的谜,是个令人震惊的深刻主题。”[3]

自发性就是那个奇特的关键因素,它无疑让受到19世纪传统熏陶的科学家感到十分尴尬和为难。如果有一块铀矿石,它如同一块普通的石头那样平淡无奇地放置在实验台上,却能够放射出看不见的辐射,这其中的因果关系究竟是怎样的呢?人们可以从哪里找出那项关键的科学理念,以说明这一事件之所以发生是因为它之前发生了另一个事件呢?如同1900年的任何人所看到的那样,放射现象不是由其他任何事件引起的,因此是科学理念无法解释的。

而且,放射现象还会放射出能量。1903年,皮埃尔·居里与一位合作者收集了一份足够大的镭样品,用以证明它所放出的能量足以让一小份水的样品沸腾。在英国科学促进协会(British Association for the Advancement of Science)年会上进行的这次演示让一位观察者想到,这会不会是某种形式的永恒运动?考虑到其自发性,放射性能量会不会是无中生有地得来的呢?

39 玛丽·居里倾向于认为,当时已经为人们接受了五十年之久的能量守恒定律或许并非如科学家假定的那样,是个绝对不可违抗的铁律。一个原子可以以某种方式无中生有地创造能量，但自身并不发生变化。虽然这种解释很不容易为人接受，但对于居里夫妇以及其他许多人来说，这似乎是所有对放射性令人不安的自发性的解释中最能消除人们抗拒心理的一种了。

这时候，为科学界排忧解惑的人即将登场，他在现代原子理念的形成过程中发挥了重要作用。他就是在新西兰的一家农场中度过童年的欧内斯特·卢瑟福（Ernest Rutherford）。卢瑟福拥有非凡能力和独创精神，并且热情洋溢，他获得了一份为殖民地的天才学生提供的奖学金，于 1897 年走进剑桥大学，师从卡文迪许实验室（Cavendish Laboratory）主任 J. J. 汤姆逊（J. J. Thomson，以 J. J. 著称）从事科研工作。他正好在一个激动人心的恰当时刻来到这里。就在几个月前，汤姆逊明确地证明，真空管可以发出人称阴极射线的辐射，但这种射线其实并不是什么辐射，而是带有电荷的粒子流。电子这个词就此登上了语言的舞台，而且人们也证实，电子是非常微小的粒子，其质量远远小于任何单个原子。与此同时，由于居里夫妇的不懈努力，放射性现象也终于引起了人们的注意。身处这个重要发现层出不穷的时代，卢瑟福很快便放弃了他原先在无线电信号传输技术上的兴趣，转向更为重要的物理学问题，尽管在一段时间里，他在前一领域的名声可以与马可尼（Marconi）相提并论。

无论在性格还是出生地方面，卢瑟福与他的导师都有着极大的差别。J. J. 汤姆逊是一个确凿无疑的老学究，举止一本正经，思想相当保守；而卢瑟福则是一个活跃的殖民地访问学者、

一个热切的运动家，在愉快地投身剑桥大学生活时全然不知他
40
的阶级和社会地位之卑微。卢瑟福相当自信，待人接物通常发自本心，同时足够精明，并没有过于放纵自己的狂傲和自负。无疑，他具有极高的天赋。在为自己的杰出门徒出具推荐信的时候，汤姆逊这样写道："我从来没有遇到过任何一个学生能够像卢瑟福先生这样有激情、有能力从事原创性的研究工作。"[4]

卢瑟福的工作开展得相当迅速。他于 1898 年证明，至少存在两种放射性辐射。第一种辐射的传播可以用一块厚纸板阻挡，而另一种的穿透能力则强大得多。他把这两种辐射分别称为 α 类和 β 类放射性辐射。α 类辐射的身份一直未能得到明确确认，但人们很快便发现，所谓 β 类粒子其实并非他物，正是高速运动的电子。

这么说，原子中会含有电子吗？或许会有，但这几乎不可能是其中的全部内容，因为电子的质量很小，而且带有负电荷；而原子的质量则大得多，而且是电中性的。汤姆逊设计出一种后来人称"李子布丁"结构（plum pudding）的原子模型。这种模型中的少量电子，在一个带正电荷的球团一样的结构中以某种方式移动，它是被人们称为"以太"的某种媒介物……无论如何，这是某种物质，它能够提供原子应该有的质量，还能中和电子的负电荷。尽管这个模型给出的信息十分含糊，但汤姆逊在几年后用它解释了一些实验结果，并得出了氢原子中很可能只含有一个电子的结论。

对于这样一种理论，卢瑟福持一种谨慎的怀疑态度。他认

为，猜测原子中包含些什么的时机似乎尚不成熟，因为当时没有一个人知道原子是什么。在完成剑桥大学的学业之后，他前往位于加拿大蒙特利尔（Montreal）的麦吉尔大学（McGill University）工作了几年，在那里组织了一个团队，进一步研究 α 粒子和 β 粒子，以及放射出这些粒子的元素。他精力充沛，常在实验室里走来走去，夸奖、质疑、鼓励，偶尔也申斥他的同事和学生。

41

大自然不会轻易揭示它的奥秘。居里夫妇已经确定了一些放射性元素，卢瑟福和其他人也发现了其他一些放射性元素。于是一连串名字涌现出来，什么镭 A、镭 B 之类的，直至镭 E；还有钍 A、钍 B、钍 X，以及叫作钍射气的放射性气体；然后是锕 A、锕 B 和锕射气……所有这些都各不相同，但彼此多少又有些联系。

卢瑟福和他的学生们把一个假定元素从另一个那里挑拣出来，以此确立让一种元素消失而让另一种元素出现的条件，费了很大的力气终于解开了疑惑。毕业于牛津大学的化学家弗雷德里克·索迪（Frederick Soddy）加入了麦吉尔大学的团队，并于 1902 年与卢瑟福发表了一篇论文，提出了一个决定性的理论。卢瑟福和索迪提出的是放射性的转化理论，或者更大胆地说，是其嬗变理论。[5]他们声称，发生了嬗变的是原子本身，就是那些人们认为无法分割的元素的建筑单元。他们创建了一个系统，通过这个系统，可以把镭、钍和锕的多重性以及它们的辐射理解为一条发射衰变链上的各个环节，其中一种元素会转化为另一种元素，其间形成的产物接着又会转化成另一种元素，以此类推，而每一次转化都伴随着某种放射性发射。

这是炼金术！许多批评者大叫大嚷。元素不可侵犯的同一性是化学家的基本原则，是经过漫长的艰苦斗争才在不久前确立下来的。现在卢瑟福和索迪却跳出来说，归根结底，元素并不是永恒的。玛丽·居里也和其他人一样，认为这种说法是无稽之谈。她坚持认为，原子自身的精髓就是其恒定不变性，因此，任何认为它们之间可以互相转变的理论都不是有关原子的可靠理论。

42

但转化理论只需要几条简单的规则便可以解释一批放射性物质的性质，这让它很快便说服科学界承认了它的基本正确性。然而，这些规则中的一条隐藏了一个甚至比原子的嬗变更具颠覆性意义的理念。卢瑟福和索迪指出，每种放射性元素都有一个衰变速率，也就是后来人们所说的半衰期。例如，从最初为1克的钍X开始，经过11分钟之后，钍X便只剩下0.5克了。再过11分钟，则只有0.25克留下，然后是0.125……以此类推，剩下的钍X的重量会越来越接近于零，但永远不会等于零。

这是一种指数式衰变，是一种足够简单的数学规则。但在把样品视为一个原子的集合之后，这种理念令人不安的含义便昭然若揭了。在11分钟内，一半的原子分解了，另外一半原子却冷眼旁观，无所事事。这是由谁决定的，哪些原子应该衰变，哪些原子不应该衰变？

正如玛丽·居里观察到的那样，放射性如此令人烦恼的是它的自发性。卢瑟福和索迪现在让这一不可预测的性质定量化了。衰变遵守一项基本的概率定律，于是，在任何给定时间内，每个原子都有某个发生衰变的概率。但如果一个原子与世无争、自顾自地坐在那里，却在某个无法预测的时刻突然分解不再存在，那么因果律这时意味着什么呢？是什么让它衰变的？是什么让这个原子具有可能发生衰变的性质，而又是什么让它在这个特定的时刻发生了衰变？

到20世纪初期，随机性又一次进入人们的视野，但它已不像二三十年前那样陌生或者让人惊慌失措了。如今，物理学家已经开始运用统计理论研究气体中的原子。而且，他们也看到，熵的表现并非总能预测，因此不情不愿地接纳了概率论的入侵。如果放射性衰变也遵守一则概率论定律，那么背后的原因或许与热现象的原因相差无几。

43

诸如此类的说法就这样突然出现了。一位物理学家提出，原子或许会有内部成分，即亚原子，而这些亚原子也在持续互相撞击，就像原子本身在充满气体的空间里发生撞击那样。[6]或许会发生的另一种情况是，通过其随机运动，几个这样的亚原子偶尔会凑得很近，足以让它们共同引发整个原子的不稳定状态。这种说法几乎算不上一种理论，但它让概率衰变能够为人接受，热力学第二定律为人们所接受也是出于同样的原因。原子内部的亚原子暴动严格遵守决定论规则，但从外部观察的物理学家不可能确定那些亚原子究竟在从事何种活动。因此，随机性源于无知。如果人们能通过某种方式观察一个原子的内部并分辨它的内部成分，那么理论上，人们就可以追踪它的运动，预测某个特定原子的衰变时刻。

无论如何,这都是一个遥远但令人欣慰的希望。大部分物理学家只是推迟了对这个问题的解答,因为他们认为,目前尚不具备对这一问题发起有效进攻的条件。为了理解支配放射性元素的原子衰变的奇特概率论规则,人们必须首先理解一个原子的结构以及这种结构是如何起作用的。

第四章　一个电子会如何做出决定

44

1911 年 9 月，一位快 26 岁的丹麦青年来到剑桥大学，师从 J. J. 汤姆逊学习电子物理。尼尔斯·玻尔（Niels Bohr）是哥本哈根大学（University of Copenhagen）一位生理学教授的儿子。他的家庭可以算得上是书香门第，上溯三代有学校教师、大学教授和教堂牧师。玻尔写了一篇关于金属导电的博士论文，假定电子是电流的载体，而且它们在导体中做不同程度的自由运动，其方式与气体在一根管子内上下飞行类似。但这一模型并不十分有效，玻尔当时已经怀疑，以 19 世纪的方式把电子视为带电荷的台球这种想法导致一些基本的东西缺失了。

45

沉静的玻尔看上去带有忧伤的表情。他浓重的眉毛遮盖了他的眼睛，他厚厚的嘴唇甚至在嘴角边向下垮去。他在陷入沉思的时候看上去很松弛，双臂会不自然地垂在身体两侧；据一位物理学家说，这时候的玻尔看上去像个白痴。[1]在后来的岁月中，他因为以缓慢、沉闷、含义模糊的方式说话而得到了一个名声，说他能够交替让听众感到入迷和恼火。据说，他来到剑桥大学后不久便对 J. J. 汤姆逊的一本关于气体导电的书提出了简要的批评，让这位伟人十分不悦。这确实让人深感吃惊。

玻尔对英格兰式的行事方式很不习惯。[2]有一次，他给 J. J. 送去了一份手稿。几天后，他发现对方没有审阅这份手稿，便决定直接向 J. J. 提出这个问题。事情并没有到此结束。J. J. 终于做出了回应。他认为，有关电子的情况，一个像玻尔这样的年轻人不可能知道得像他那么多。玻尔得出的结论是，他是一个外国人，这一点对他没有好处。他去三一学院（J. J. 所属的学院）参加正式晚餐，但此后好多个星期都没有人跟他说话。玻尔总是热衷于跟别人辩论物理学问题，对此 J. J. 的对策是，每当看到玻尔走过来，他就朝另一个方向退去。后来玻尔是这样描述他在剑桥大学的短暂工作经历的："非常有趣……绝对没有用处。"当有人向他提出模糊不清的假说或者异想天开的科学猜测时，他以礼貌的方式结束谈话的招牌语言便是"非常有趣"。

玻尔前往曼彻斯特见一位教授，后者是他刚去世的父亲的朋友。吃饭的时候他遇到了欧内斯特·卢瑟福。卢瑟福几年前从加拿大返回英国，在曼彻斯特得到一个教职，而且恰巧也与那位教授相识。几周后，卢瑟福造访剑桥大学，与玻尔再次交谈。显然，当时在英格兰从事最重要的物理研究的人是曼彻斯特的卢瑟福，而不是剑桥的汤姆逊。而且卢瑟福不是英格兰人，玻尔发现他很友好，对自己也多有鼓励。1912 年 3 月，玻尔设法转往曼彻斯特,他的借口是要去学习如何开展放射性方面的实验。事实证明,他在这方面即便不是毫无用处,也只能算表现平庸。

卢瑟福已经在原子研究中取得了进展。几年前,他与一位年轻同事汉斯·盖格(Hans Geiger,后因盖格计数器闻名)一起工作,最后确定了放射现象中α射线的身份。它们是比电子的质量大得多的粒子,带有两个单位正电荷。卢瑟福和盖格发现,一旦捕捉到α粒子并中和它们的电荷,它们就会与氦原子毫无二致。显然,在α衰变中,一个大原子会释放出一个与较轻的氦原子非常类似的粒子而转变为一个略小的原子。

当然,那时候谁也不知道原子到底是什么,但卢瑟福想到,α粒子将会是轰击其他物质的优质炮弹,可以以此观察靶标的结构。他和盖格,再加上另一个新学生欧内斯特·马斯登(Ernest Marsden)进行了用来自放射性源的α粒子轰击薄金箔的实验。当α粒子撞击设置在实验装置周围的荧光屏时,盖格和马斯登在黑暗中一坐就是几个小时,他们的眼睛变得对撞击产生的微弱闪光十分敏感。

他们并不确定会发生什么情况。在大部分情况下,α粒子会直接穿透薄薄的金箔,好像那里什么东西都不存在一样。但有时候它们的行进方向会略有改变,以不大的角度偏转出现在对面的荧光屏上。让实验者感到震惊莫名的是,在特别罕见的情况下,某个α粒子不仅无法穿透金箔,还会被完全反弹回来。有关这一现象,卢瑟福后来有一段著名的评论:“这是我生命中观察到的最不可思议的事件……这就像你对着一张餐巾纸发射

47 直径 15 英寸的炮弹,却被反弹回来的炮弹击中一样不可思议。”[3]

这里的餐巾纸就是金箔,因此就是金原子的一个阵列。那些原子中或许含有电子,但 α 粒子被电子反弹回来的可能性不会超过炮弹被乒乓球反弹回来的概率。那么,α 粒子到底撞到什么样的铁板了呢?

对于这个问题的答案,卢瑟福很可能当时已经有了一个相当不错的想法,但两年之后他才有足够的信心发表这一结论。α 粒子发生大角度反射的原因只可能是它们撞到了某种比它们重得多的东西。卢瑟福于 1911 年宣布,这种重得多的东西是原子的微小的、致密的核,不过“核”这个术语是第二年才引入的。

就像科学上的其他伟大时刻一样,这一宣告了核物理诞生的时刻几乎没有产生多少反响。在 1911 年的一次国际会议上,卢瑟福几乎什么也没说。而在对陈旧的“李子布丁”原子模型做出一番精心改造之后,J. J. 发表的进一步描述也没有引起人们的强烈兴趣。卢瑟福不是一位理论工作者,但他知道,他关于原子核存在的提议,留下了大量他完全不知道的内容。尤其是,他完全不知道原子内除了电子还有哪些东西,相对于原子核,它们在什么地方,以及它们可能以何种状态存在。

尼尔斯·玻尔来到曼彻斯特的时候,卢瑟福的助手是查尔斯·高尔顿·达尔文(Charles Galton Darwin),进化论创始人的孙子。达尔文正在考虑 α 粒子穿过某些固体物质时速度减慢的

48

问题。α粒子命中一个原子核导致大角散射的情况是非常少见的。在大部分情况下，它们都会发生微小的偏转，在能量逐步散失之后停下来。对此，达尔文的解释是，它们与原子中的电子连续多次发生了不那么激烈的碰撞，每一次都会损失一点点能量。他希望通过研究这一过程来更好地理解电子在原子内部的分布。

他进行了模糊的想象。在他的构想中，每个原子都带有一圈电子云，它们在某个代表原子总尺寸的空间范围内游动。卢瑟福的原子核位于原子的中心，以某种方式让整个原子成为一个统一体。卢瑟福的实验人员让α粒子轰击不同的材料，测出不同粒子的速率衰减比率。达尔文试图让他的模型与实验结果中测得的速率衰减比率吻合，这让他通过计算得到了不同原子的尺寸，但通过这种计算得到的尺寸与通过更为直接的手段推导出的原子尺寸有很大的不同。

在其博士论文中，玻尔就金属的导电性提出了一种过于简单的类似模型，认为是在金属周围游荡的电子造成了电传导。这个模型在解释它试图解释的问题上没有奏效。玻尔开始怀疑，这两项工作或许具有共同的缺点，即电子并不像他和达尔文设想的那样，在运动时具有那么高的自由度。

玻尔终于开窍了，不知怎么就突然意识到，一个原子的核必定会通过某种限制力牢牢地控制住作为它的补充物的电子。于是在他的想象中，单个电子并不是自由运动的，而是被固定于一点，只能前后振荡，有点儿像被拴在弹簧上的球。这只是一个图像,是一种想象的引导,但有助于他思考。

现在跨出了具有重大意义的一步,这一步非常奇特。玻尔认为,电子在振荡时不会采用人们想强加给它们的任意数量的能量,而只能取某个基本的量子的整数倍。当 α 粒子穿过某种固体材料的时候,它们可以把能量交给与自己相遇的电子,但只能以量子化的能量形式给予。令人惊讶的是,经过一番修补改进,玻尔发现,他现在可以更好地解释 α 粒子的速度衰减。困惑而又满意的玻尔整理了自己的粗糙理论,写了一篇供发表的论文寄出,然后便赶回哥本哈根,与他大学本科朋友的妹妹玛格丽特·诺伦德(Margrethe Nørlund)完婚。

49

直到今天,人们仍然难以理解为什么玻尔会提出这样一个稀奇古怪的建议。可以肯定,能量量子的想法并不是全新的。马克斯·普朗克(Max Planck)是这一概念的首创者,1900 年,他在与此完全不同的背景下提出这一概念。多年来,普朗克因为一个离奇的问题而伤透了脑筋。众所周知,当温度升高的时候,热物体会发出一系列不同颜色的光,从余火的红色光辉到太阳的黄色,再到钢水怪异的蓝白色。实验物理学家仔细测量了它们发出的辐射的光谱,即来自不同波长或者频率的光能量的图像。理论物理学家试图解释他们的实验家同事们测得的光谱形状,却陷入了毫无希望的困境。

在几乎走投无路的情况下,普朗克把辐射的能量分成了很小的单元。他本意是使用一个数学技巧简化自己的计算。他设想,如果他能够得出他想要的光谱形式,他就可以使用标准的数学技巧把那些小单元缩小为无穷小,同时保持他的解决方法金身不破。他的计划完成了一半。他确实可以得到正确的光谱,但只有将能量单元保持在某个特定的尺寸时才可以。他无法让这些被他称为量子的能量单元消失,这让他一直很懊恼。

普朗克是一位保守型的科学家。在标准的物理学中,电磁波的能量没有理由以这种方式被限制。他不肯承认,电磁能本质上只能以小单元的形式存在。他转而认为,物质发射能量的时候存在某种选择方式,让辐射只能以离散的量子的形式发出。大部分物理学家都同意他的基本推理。在随后的岁月里,普朗克进行了卓绝的奋斗,希望找出能量以这种断断续续的方式出现的令人满意的原因。他没有成功,但他一直没有放弃。

50

事情已经过去了十多年,普朗克的想法仍然神秘而富有争议。据玻尔回忆,有关能量量子的想法仍然悬而未决。[4]看上去,把同一个想法应用于原子中的电子并不会显得特别牵强附会。他坦然承认,他无法对他的提议做出真正合理的解释。但这种处理方法看上去很有效。

仅仅几个月之后,这种创新的异乎寻常的生命力便初见端倪。回到哥本哈根后,玻尔接受了大学的一个初级教职,主要职责是为医科学生讲授物理。一天,一位同事问他,他提出的原子中的电子的奇异图像是否有助于解释氢原子光谱的巴尔末线系(the Balmer series)。玻尔有些羞怯地承认,他不知道巴尔末线系是什么,然后就走进图书馆开始自学。

他当然知道什么是光谱学。一个世纪之前,德国天文学家约瑟夫·冯·夫琅禾费(Joseph von Fraunhofer)就仔细研究了太阳光谱,并注意到了彩虹的色彩,从红色到绿色,再到紫色,其中点缀着数以百计的黑色细线。他后来发现,在明亮的恒星的光谱上也可以看到类似的线条,有些与他在太阳光谱上见到的一致,也有一些与此不同。人们在此后数十年确认,每种化学元素吸收和发射的光都不是宽阔的连续谱带,而是具有某些特定波长的光:金属钠是刺目的黄色,氖元素是赏心悦目的红色,汞元素则是深幽奇幻的蓝色。

51

对于化学家来说,光谱学为他们提供了一个特别神奇的判断工具。通过观察某种加热样品发出的光,他们可以看出其中包含哪些元素。但物理学家还远没有弄清为何原子仅仅发射和吸收这种特征频率的光。这给已经不堪重负的原子又增加了一项任务。

约翰·巴尔末(Johann Balmer)是位瑞士教师,巴尔末线系是他对科学的唯一贡献。1885 年,他设计了一个简单的代数公式,能够以令人惊讶的准确程度算出氢原子光谱线的频率。但这只不过是数字计算而已,并没有任何物理推理。此后二十七年,玻尔终于知道了这件事,这期间没有人哪怕只是粗略地解释过巴尔末公式的由来。

而现在玻尔只花几个小时便完成了这项工作。通过联合运用物理推理和富有灵感的猜测,他逼迫自己匆匆画出了原子模型,通过几条代数法则得出巴尔末公式。如果说卢瑟福在一两年前让核物理学获得了生命,那么现在的尼尔斯·玻尔则是一位神奇的接生婆，让原子物理学在这个世界呱呱坠地。

这次玻尔没有把电子设想为按照某种一般方式发生振动，而是明确构想它们如同行星围绕太阳旋转那样，围绕着原子核旋转。在太阳系中，维系行星运动的是引力；而在氢原子中，让电子不会脱离原子核飘然而去的是带正电的原子核对带负电荷的电子的静电吸引。但现在，玻尔强行加入了关键的量子条件：绕原子核飞行的电子无法具有它们想具有的任何能量，而只能选取有限的数值。

如果这一预设条件成立，那么氢原子中的单个电子必定占据一组不同轨道中的一条。轨道的直径越大，绕核高速运行的电子的能量便越高。不可思议的是，玻尔现在看到，他的模型能够解释光谱学。当原子吸收了能量，一个电子便可以从一个能量较低的轨道跃迁到一个能量较高的轨道上；如果电子再次回到原来的轨道上，原子就会把同样数额的那部分能量辐射出去。这些吸收和辐射只能以固定的数量进行，这是由电子轨道的限制决定的。在进行某些恰当的调整之后，玻尔发现，他可以按照某种方式确定这些轨道，从而准确地重现巴尔末线系。他的成就不仅在于为巴尔末公式找到了理论基础，更在于找到了光谱学能够存在的根本原因：这与电子从一条轨道向另一条轨道的跃迁有关。

52

激动不已的玻尔逐渐平静了下来，因为他清楚地知道，他无法给他的简单模型找到一个令人信服的物理学依据。电子之所以在它们的指定轨道上持续运行，仅仅是由于玻尔写下的规则要求它们这样做。对于这种限制,他在论文中坦白写道:他“不会做出任何以力学为基础的尝试,因为看起来这样做毫无希望”[5]。这一模型与实际数据完美相符,但其原因就连玻尔也不敢贸然猜测。

对于许多年纪稍长的科学家来说,玻尔的原子论几乎算不上物理学。瑞利勋爵(Lord Rayleigh)是一位年届七旬的数学物理学家,他曾在广泛的领域中取得过不凡的成就,但他这样告诉他的儿子:“是的,我看过他的研究,但我认为它对于我来说没有用处。我并不是说不可以用这种方式做出科学发现,相反,我觉得它们很可能就是这样的。但这不符合我的作风。”[6]瑞利是个很谦虚的人,十分体贴别人,在当时是位老成的智者。他有关玻尔原子的看法算不上强烈谴责,更多的是一种对自己辉煌不再的无奈接受。

早期针对玻尔观点的睿智批评来自卢瑟福。玻尔给卢瑟福寄过一份有关自己想法的长篇草稿。卢瑟福试图对这份手稿中的一些欧洲大陆式的烦冗表述加以删减,代以他所欣赏的英格兰式的简练风格,但遭到了玻尔的断然拒绝,后者坚持要尽可能把每件事情都交代得完整、仔细、准确——按照卢瑟福的想法,这未免过分准确了。在写给玻尔的评论中,卢瑟福提出了这样的想法:“对于我来说,这里似乎有一个重大困难:一个电子是如何决定它将以何种频率振动,又该在什么时候从一种定态转为另一种呢?我考虑,你似乎不得不假定,电子事先知道它应该在什么时候停止。”[7]

自发性这个令人尴尬的理念再次出现了。在玻尔的原子中,处于高能量轨道中的电子似乎可以选择它要跳入哪一条低能量轨道,同时发出一条相应能量的谱线。正如卢瑟福所熟知的那样,在放射性衰变中,某个特定的不稳定原子总是能以同样的方式分解,尽管事件的时机选择是不可预测的。但玻尔的跃迁电子似乎不仅能够选择它的跃迁时机,而且可以选择它的跃迁目的地。卢瑟福觉得这种情况令人不安。

质疑的不仅仅是卢瑟福。最初爱因斯坦也对新的原子论投以谨慎的目光,但他在 1916 年发表了一篇倡导性的分析文章。文章表面看上去非常简单,却非常有启发性。这让他更认真地思考玻尔的成果。他想象了一个沉浸在电磁辐射中的单一玻尔原子,并提出疑问:它们双方如何往复交换能量?他还特别问道:在原子像接收能量那样频繁辐射能量,辐射光谱保持恒定的形式,并且整个体系温度一定的情况下,这个体系将如何取得热平衡?

从这些简单的设定出发,爱因斯坦得出了以下引人注目的结论。首先,处于平衡状态的辐射光谱必须正好具有普朗克于 1900 年利用其量子假说计算所得出的形式。其次,原子辐射或者吸收的能量只能恰好等于两条轨道之间的能量差,这意味着它在辐射能量时会有些限制,例如,它不能同时射出两个较低能量的量子,其总和等于这两条轨道的能量差。

54

这些结论不仅认为普朗克和玻尔的想法都是正确的,还暗示他们的想法之间存在着更为深刻的联系。但第三个结论让他感到有些不安。爱因斯坦发现，为了让原子与辐射之间取得正确的能量平衡，原子的能量辐射就必须由概率论的简单定律加以控制。根据他的计算，原子发出能量量子的概率在任何给定的时间区间内都是恒定的。他过去便见过这种情况。他指出："这里面的统计定律恰恰是卢瑟福的放射性衰变定律。"[8]

换言之，这两个过程——原子核的放射性衰变和电子从一条轨道向另一条轨道的跃迁——不但都是自发的，而且是以同一种方式出现的自发。在这两个过程中，变化的发生都没有特定的时刻——它就是这样发生了，没有明显的原因。这似乎意味着，这些物理现象的发生并没有任何可以确定的原因。

几年后，这一不解之谜仍然没有得到恰当的解释，这时，爱因斯坦在给他的一位同事的信中写道："那个有关因果律的问题让我感到非常烦恼。"[9]不过像他这样感到烦恼的人几乎绝无仅有。大部分物理学家都在忙着研究玻尔的原子论，顾不上考虑这些形而上的问题。他们得花点儿时间才能补上这一课。

第五章　闻所未闻的勇气

1914 年 7 月，玻尔带着他的原子论上路了。他与他很有前途的数学家弟弟哈拉尔(Harald)一起前往德国，在哥廷根和慕尼黑就他的理论作了报告。刚好位于德国中心的哥廷根大学(University of Göttingen)无论在纯数学还是数学物理方面都是一个令人敬畏的中心。卡尔・弗里德里希・高斯(Carl Friedrich Gauss)是有史以来最伟大的数学家之一，同时也是一位值得注意的物理学家，他曾长期在这所大学任教，直至去世。许多伟大的科研教育机构在一代传奇人物去世之后便会陷入僵化的窠臼，一个著名的例子就是剑桥大学。牛顿去世后，在一两代人的时期内，剑桥大学遭遇了一段困境。到 20 世纪初，哥廷根大学也没有摆脱这种命运。当尼尔斯・玻尔的原子模型首次传到哥廷根大学的时候，他的弟弟哈拉尔刚好在这所大学。哈拉尔向自己的哥哥汇报了情况，告诉他，大学里

56 的大部分教授认为他的提议“大胆”又“神奇”,但并不认为它非常可信。哈拉尔写信告诉玻尔,有一位执拗的数学教授认为,对于氢原子的谱线,“任意选择的其他数字也可以解释得很好”[1]。

但是通过现身说法解释他的理论,玻尔还是取得了一定的进展。他的德语还不算十分流利,因此说话慢声慢气,时时有些踌躇,但在理论问题上却显示出了毫不犹豫的坚定。据一位名叫阿尔弗雷德·朗德(Alfred Landé)的青年物理学家说,哥廷根大学教员普遍认为,玻尔的提议“完全是一派胡言……只不过是为了对实际情况的无知寻找廉价借口而已”[2]。一位当时刚刚三十出头的教授马克斯·玻恩(Max Born)第一次读到玻尔的原子模型时认为它完全不可理解,但听了玻尔为这一理论热切的辩护演讲之后,他告诉朗德:“这位丹麦物理学家看上去非常像个具有独创性的天才,我无法否认,他的理论里面一定有些真材实料。”短短几年之后,玻恩和朗德双双为这一现代原子理论做出了自己的贡献。

玻尔在慕尼黑大学演讲时的日子要好过一些,那里的理论物理系主任是46岁的阿诺德·索末菲(Arnold Sommerfeld)。索末菲也在哥廷根大学待过几年,对创新和新鲜事物还保留着一份激情。他是热情接受爱因斯坦狭义相对论的第一批人之一,而与他同代的其他物理学家还在尝试着接受空间和时间变化的理念。当玻尔的原子理论刚刚从地平线上冉冉升起的时候,他很快便致信玻尔,说尽管他还无法消除对这一模型的某些疑惑,但它能够给出定量的结果,这"毫无疑问是一项伟大的成就"[3]。在慕尼黑,索末菲热情地接待了玻尔,并鼓励他的学生把注意力投向这一新的物理学。

时间到了1914年8月,这注定是个重要月份。尼尔斯·玻尔和哈拉尔·玻尔离开德国,前往奥地利蒂罗尔州的阿尔卑斯山远足。他们从报纸上了解到战争迫在眉睫,令人恐慌,并且得知,欧洲各地的避暑客正如潮水般穿过气氛紧张的大陆,踏上归途。玻尔兄弟登上了一列火车,却惊讶地发现,自己在德国向俄国宣战仅仅半个小时之后又折回了柏林,并与浪潮般涌上街头的人群劈面相逢。那些德国人正因战争的爆发而兴奋得透不过气来。玻尔干巴巴地评论道:"这是德国的习惯:每当发生了与军事相关的事件,人们便立即可以看到这种热情洋溢的场面。"[4]在经历了又一次令人担心的向北方海岸线行进的火车之旅后,他们终于登上了一艘渡轮,安全回到了丹麦。

玻尔在德国物理学界首度亮相之后,战争让科学家之间的大部分联系一下子中断了好几年。在此期间,他试图在哥本哈根为自己谋求一份更好的工作。他没有实验室,而且由于承担医科学生的物理学课,他几乎没有时间进行研究工作。更糟糕的是,他没有一批可以探讨想法的同事。他开始鼓动大学建立一所理论物理研究所,但由于战火正在触目可及的地方燃烧,丹麦政府无法优先考虑这种计划。玻尔转而欣然接受了来自卢瑟福的邀请,重返曼彻斯特大学。但此时卢瑟福正在从事战争方面的研究(他发明了一种方法,可以通过潜艇在水下发出的噪音发现它们的踪迹)，结果玻尔基本上是一个人自顾自地从事研究。

在玻尔的整个生命中，他最理想的工作方式是置身于持续的开放性讨论中，是与同事们聚在一起，持续进行非正式的研讨会。他自言自语地说出自己的想法，时不时地发表评论或提出质疑，然后跳跃着前进，偏离主题，最后停下来沉思。在曼彻斯特的两年中，他与年轻妻子的个人生活是愉快的(她说，曼彻斯特这座工业城市没有剑桥那么迷人，但这里的人更加热情)，不过他的科学生活却是孤独的。

尽管战争爆发了，科学事业还在发展。困守在德国的索末菲热切地开展了玻尔原子论方面的研究。论文和期刊像小溪一样往返穿越火线，科学理念仍然可以交流。尽管是间接地，玻尔还是能够在其他人的心中燃起火花。

58

事实上，具有独创性的玻尔原子论只解决了一个问题。它解释了氢原子光谱巴尔末线系，但还存在着其他谱线和原子，而且就连巴尔末线系也不像玻尔最初想象的那么简单。1892 年，美国物理学家阿尔伯特 · 迈克耳孙(Albert Michelson)用一台品质极高的光谱仪进行了严密观测，他发现，人们以前经常可以分辨出的一些单条谱线其实是双重线，即两条紧紧挨着的谱线，对应于两种频率略有差别的激发光谱。

玻尔感觉，这种谱线的分裂或许是因为电子的轨道既可以是圆形也可以是椭圆形造成的。这种情况之所以发生，是因为电子的运行速度非常快，以至于爱因斯坦相对论的某些效应变得重要了。在牛顿力学中可以存在由无穷多条轨道组成的家族,在所有这些轨道上运行的电子都具有同样的能量,但轨道的椭圆率各不相同。每个家族都有一条圆形轨道,它所具有的椭圆率为零。但相对论让这些轨道的能量略有差异,差异的大小取决于它们的椭圆率。

于是玻尔想象,如果原子中的每一条圆形轨道都对应一条椭圆形轨道,那么,由于电子可以在不同的轨道上进出,便会出现两种略有差异的跃迁能量。这便会让谱线分裂为两条。但独自生活在曼彻斯特的玻尔在这一点上卡住了。为什么只存在一条椭圆轨道,是什么决定了轨道的椭圆率?需要某种新的规则,但玻尔想不出这是一种什么样的规则。

作为一名伟大的理论物理学家,玻尔在更高层次的数学上的能力之薄弱令人吃惊。他的论文中没有太多方程式,相反,他提出了广泛的概念和假设,试图得出尽可能简单的定量结论。在玻尔的大部分科学生涯中,只有在一批具有数学天赋的助手的帮助下,他才能把自己杰出的物理洞察力转变为定量论证。这种工作方式让玻尔逐渐取得多少有些神秘的地位。他似乎能够觉察出某个问题的答案在什么地方,尽管他并不能准确地看出如何到达那里。许多年后,维尔纳·海森堡(Werner Heisenberg)在文章中提到了一次谈话,他说:“玻尔向我肯定……他不是通过经典力学推导出复杂的原子模型的。这些模型是以经验为基础,像图画那样直观地出现在他的头脑中的。”[5]

玻尔无法完全弄清楚他有关椭圆轨道的想法,但还是发表了有关这一建议的大纲。慕尼黑大学通过某种渠道得到了这篇文章，而且阿诺德·索末菲读到了这篇文章。索末菲受过良好的德国传统教育，精通各种数学技巧，而且知道应该如何将其运用于力学、电磁理论以及其他领域。他正是那位为了进一步的突破而生的物理学家。

索末菲将原子轨道力学的精湛分析与玻尔的想法相结合，拿出了一份可信的论证，能够解释电子轨道的椭圆率为什么必须仅限于某些能量数值。也就是说，与轨道的尺寸一样，椭圆率也是“量子化”了的。

这一理论也可以用于解释其他的光谱学谜题。把原子置于电场或磁场中时，它们的谱线会分裂为两条、三条，甚至出现更复杂的情况。人们用它们的发现者命名这些现象，分别称之为斯塔克（Stark）效应和塞曼（Zeeman）效应。索末菲和其他人提出，出现这些现象的原因是，电子轨道必须相对于外部施加的场60形成一定角度，而这将略微改变轨道所对应的能量。在这里又一次出现的情况是，并不是任何角度都是允许的。轨道的取向也被量子化为一套可以允许的角度。

在这个更为复杂的系统中，人们需要用三个所谓量子数来定义任何特定的电子轨道。其中第一个量子数指明轨道的尺寸，第二个指明其椭圆率，第三个指明其空间取向。电子在这些不同的轨道之间跃迁，这可以解释许多光谱学上出现的精细结构。

看到自己的原子的效力有了如此广泛且迅速的扩展，玻尔大感振奋。他在给索末菲的信中写道:“我相信,我在阅读你那些漂亮的研究成果时所感受到的喜悦,是我阅读其他任何文章都感受不到的。”[6]索末菲的论证如此重要,以至于许多物理学家都开始讨论玻尔－索末菲原子理论了。

这是后来众所周知的旧量子理论高奏凯歌的年月。毫无疑问,这是一个有些好笑的事业。轨道力学完全遵循原有的物理学,遵守牛顿力学规则——当然,爱因斯坦偶尔会修正这些规则——的电子,受遵循平方反比定律的原子与电子核之间吸引力的制约。但人们接着引入了量子限制。在无穷多的可能轨道中,事实上只有某些形状、大小和取向的轨道是被允许的。这些量子规则之间具有某种逻辑一致性,但归根结底,这种一致性是人们任意赋予的,是强行赋予的。

理论上讲,这样一个新旧混合的尴尬体系并不能解释许多困难的问题。这种量子规则从何而来?正如卢瑟福曾经问的那样,什么时候跃迁,向什么地方跃迁,电子是怎样做出这些决定的?这些跃迁事实上是由某种不为人知的方式引发的,还是像爱因斯坦担心的那样,是真正自发且最终是不可预测的?

对于这些前所未有的奇特问题,没有人对答案略知一二。但这在当时完全无关紧要!玻尔－索末菲原子论令人信服地解释了人们迄今无法参透的各种光谱学疑团。它不可思议地出色地完成了这一任务,遗憾的是,它实际上不配达到这样的程度。

61

玻尔－索末菲原子论的崛起不仅标志着量子理论的成熟,

也标志着理论物理学的地理中心的历史性变迁：大不列颠的地位被欧洲大陆特别是德国取代了。原子核是不列颠帝国的土产，是由新西兰的卢瑟福经过在加拿大和英格兰的工作之后孕育成形的。也可以认为原始的玻尔原子论具有实质上的不列颠血统，因为它很大程度上起源于玻尔与卢瑟福和达尔文的接触。但在战争年月，玻尔虽然待在曼彻斯特，他的想法却在德国生根发芽，而那里才是旧原子量子理论结出果实的地方。

终其一生，尼尔斯·玻尔都全心全意地依恋着卢瑟福。玻尔第一次见到卢瑟福是在自己的父亲刚刚去世后不久，他把卢瑟福描述为"几乎是我的第二位父亲"[7]。在许多年间，他一直持续地把他在原子论方面的工作进展告知卢瑟福。他在1918年初告诉卢瑟福："我本人现在对这一理论的未来极为乐观。"[8]卢瑟福总是说一些鼓励的话回应他，但从本质上说，卢瑟福是一个十分实际的人，是一位实验工作者。他告诉剑桥大学的同事，量子理论工作者们"把玩着他们的符号，而我们在卡文迪许实验室里获得有关自然的确信无疑的事实"[9]。卢瑟福喜欢说，任何名副其实的物理学家都应该有能力向一位酒吧女郎解释自己的研究，否则物理学的一切又有什么意义呢？与此相反，玻尔甚至在向他的物理学家同事解释他的学说时，都存在着许多困难。但只要能够让卢瑟福了解他的想法，玻尔或许就能感到他享有了某种程度的保障。

62

1916年，玻尔拒绝了留在曼彻斯特或者前往加州伯克利工作的邀请，他成立研究所的计划得到了丹麦政府的正式批准，于是就回到了他全心挚爱的哥本哈根。他要在那里建立一个量子理论的研究机构。但这需要时间，就在玻尔同时与官僚机构和研究工作角力的时候，索末菲和他在慕尼黑的学生接过了引领原子论前进的火炬。

在此期间，英国的理论研究出现了断层。究其原因，或许就跟大英帝国本身的状况一样，英国的数学物理传统已经不堪重负，疲惫至极。昔日的巨人纷纷辞世，19世纪不列颠在电磁理论、光学、声学和流体力学方面的辉煌成就已经难以为继。维多利亚时代民族精神的某种残留物仍然大行其道，它包括注重实际、热心，认为“有健全的身体才有健全的精神”。以经典形式存在的理论不应该离常识太远。与新艺术、新音乐一样，量子理论的新想法似乎具有标新立异、哗众取宠的危险倾向，它们与迄今为止一直很有效的率直纯真的理论格格不入。卢瑟福于1919年从J. J. 汤姆逊手中接下了卡文迪许实验室主任的职务。在他强有力的领导下，实验物理，尤其是核物理，在英国蓬勃发展，但深层次理论、现代理论等理论研究则风头大减。

与此同时，德国在这些领域并没有处于空白状态。无论在理论还是实验方面，德国物理学家都已经为自己赢得了赫赫威名。而且，德语地区还出现了一次有关理论的意义的惨烈论战。这是一场大多数英国科学家都认为十分滑稽的辩论，是那种具有病态的哲学倾向的德国人才会享受的事件，而绝不会是喜欢直来直去的盎格鲁－撒克逊人乐于参与的游戏。路德维希·玻尔兹曼坚定地相信原子的实在性，他与同为奥地利人的物理学家兼哲学家恩斯特·马赫(Ernst Mach)发生了激烈冲突。马赫是实证主义意识形态的坚定鼓吹者,是这个学派的首领。马赫认为,理论并没有隐藏有关物质世界的基础结构的深刻含义,一种理论只是一套联系各种可感知现象的数学关系。因此,原子充其量不过是一个方便的虚构,往差了说就只是无法验证的假说。

最终,原子论者赢得了这场辩论。玻尔兹曼的斗争为他在纯数学家中间赢得了同情者和同盟军,这批人欣喜地看到,物理学能够极为有效地使用那些看上去只属于数学的原理和定理。到了 20 世纪初,德国理论学家已经很有数学方面的探险精神,他们的大多数英国同行都不具有这一点。

随后便发生了第一次世界大战,即所谓"结束一切战争的战争"。战争初期,一切都在朝着让德国人感到满意的方向发展;在他们的想象中,德国的文化和文明将使疲惫不堪的盎格鲁-撒克逊方式黯然失色。但这种期望于 1918 年破灭了。当德国当局分崩离析、战败乞降的时候,它的人民几乎不知道哪里出了问题。

1914 年 10 月,在前景看上去一片光明的情况下,马克斯·普朗克和另外 92 位德国著名知识分子一起,在《告文明世界宣言》("Appeal to the Cultured Peoples of the World")上签下了自己的大名。这份可悲的宣言发表在全德国的报纸上,鼓吹德意志事业的美德、日耳曼文明所具有的诸多优越性,以及德国人民对较小民族取得的文化成就所抱持的深切尊重。引发这一宣言的事件是德国军队摧毁了位于比利时鲁汶的历史悠久的图书馆。普朗克和他的知识分子同行否认有教养的德国人会悍然做出这种令人发指的暴行，否认关于比利时城镇和乡村遭到破坏的报道。他们实际上认为，德国只不过是现在横扫欧洲的大屠杀的牺牲品，是不情不愿、受人利用的受害者。 64

四年后，德国满目疮痍，人民面有饥色，四处蔓延的社会主义革命火焰在处于无政府状态中的城市里遭到反动势力的反扑。到了这时，这份宣言看上去不但令人生厌，而且令签名者声名狼藉。后来普朗克声称，他签名的时候并未认真读过内容，他之所以签名，只不过是因为那些已经签名的人实在太有名气了。确实，在战争期间，他的确不那么毫不犹豫地拥护日耳曼统一和征服目标了，而且在给欧洲其他国家的同事回信时也承认，德国军人并非总是按照宣言中宣称的高标准行事。

尽管如此，这份宣言背后的精神依然以一种缓和的方式延续了下来。或许德国确实在物质上遭到了摧毁，但充满智慧的德国却长存不息。战争结束时，这个国家在经济、政治和心理上都遭到了毁灭性的打击。德国人民在 1916 年底至 1917 年初的"萝卜冬季"[①]中饥寒交迫，战后食品也持续短缺。政治机构纷纷解体，各极端政治势力都在肆无忌惮地从事帮派暴力活动，酝酿刺杀阴谋。世界其他地区对他们也全无恻隐之心。德国为它自

---

① turnip winter，1916—1917 年是战时德国最艰难的岁月之一。1916 年秋季德国马铃薯收成极差，从各地运往德国城市的农产品又大量腐烂，以致德国人民不得不以萝卜作为替代食物果腹，故有此名。——译者注

己带来了毁灭。具有法律约束力的《凡尔赛和约》(Treaty of Versailles)强行规定这个已经陷入贫困的国家拿出巨额战争赔款。德国变成了国际公认的贱民区,遭到了正在组建的国际联盟(League of Nations)的排斥。德国人在科学界也受到了排斥,他们被国际会议拒绝,许多期刊禁止德国科学家发表论文。

在这些暗淡又动荡的日子里,普朗克和其他人相信,科学可以成为照耀未来道路的灯塔。在 1919 年年底出版的《柏林日报》(*Berliner Tageblatt*)上,普朗克宣告了他的信念:“只要德国的科学能够继续沿着过去的道路勇往直前,德国就永远不会从文明国家的行列中消失。”[10]就像日耳曼民族的任何一员一样,普朗克曾在战争初期全身心地支持战争,但随后明白这是一条歧路,是一场疯狂的军国主义者强加给不情愿的民众的灾难。普朗克认为,现在一切都过去了,但德国的骄傲、荣誉和传统将继续在科学事业中巍然屹立。外部世界强加在德国科学家头上的孤立让他们更加坚定了自己的决心——拯救自己的职业和与他们的职业相关的一部分国家尊严。

65

1919 年见证了德国最伟大的理论家阿尔伯特 · 爱因斯坦的声名鹊起。英国天文学家阿瑟 · 埃丁顿(Arthur Eddington)观察到光在太阳引力作用下会弯曲,证实了爱因斯坦在广义相对论中作出的预言。这一实验得到了媒体大张旗鼓的宣传。但爱因斯坦的日耳曼民族身份是个微妙的问题。爱因斯坦生于德国西南部,并在慕尼黑大学受过一段时间教育。青年时代的爱因斯坦强烈反抗学校的知识僵化和军事色彩。他 15 岁时逃到意大利的米兰,他父亲在那里创办过一个电子企业。爱因斯坦后来在苏黎世联邦理工学院(ETH Zürich)注册入学,并十分精明地取得了瑞士国籍,放弃了德国护照。不过战争结束后,他的名声给他带来了德国科学中心的任命——柏林大学的教授职务。那个时候的德国曾骄傲地宣称,爱因斯坦是她的国民。

无论在科学上还是政治上,爱因斯坦都是他自己的主人,并超脱于国籍或者沙文主义的愚蠢考虑。他痛恨德国军国主义,反对人们战后在科学上孤立德国。他认为,这只会加深敌意和相互猜忌。这种想法基本上是正确的。他并不喜欢某些过度爱国的德国科学家,如斯塔克效应的发现者约翰尼斯·斯塔克(Johannes Stark),这个人很快就在对相对论这一"犹太科学"的批判以及后来对量子理论的批判中担任了领导角色。即便如此,爱因斯坦也很少参加国际会议,因为这些会议不允许任何德国人参加,完全不考虑他们的政治观点、过去对战争的态度以及当前重塑友谊的努力。

66

爱因斯坦在全球范围内的名声越来越响亮,这让他的政治观点如同相对论作者的名声一样进入了公众领域,他的其他科学成就往往因此受忽视。爱因斯坦在量子力学的崛起中扮演了关键角色,他将普朗克的神秘能量小单元转变成了具有明确物理意义的电磁辐射单元。在那个奇迹般的 1905 年,爱因斯坦用他的四篇传奇论文中的两篇建立了狭义相对论,其中较为简短的第二篇包含世界上最著名的科学方程:$E = mc^2$。如前所述,另一篇论文处理了布朗运动的问题。第四篇论文讨论了"光量子”。爱因斯坦支持普朗克有关能量会以一个个小单元出现的观点:把这些能量小单元视为真正的分立小物体,并采用由玻尔兹曼和其他人发展起来的标准统计方法,这样就可以一举证明电磁辐射的许多已经确立的性质。如果这还无法说服其他人,他还有另一个论证。他声称,光是由微小的能量单元组成的,由此可以轻而易举地解释光电效应以前那些令人困惑的细节。在这一现象中,光在照射某些金属时能产生不高的电压。

但这一有关光量子的信念和麦克斯韦有关电磁场的经典波动理论相违背。而且,认真对待光量子,不可避免地会把不连续性和不可预测性这一对难题带入物理学。经典的波动表现方式总是具有光滑的、逐渐发展的、连续不间断的特点。如果真的存67在光量子这样的东西,那么它们来去突然,没有明显的理由或者起因。这就是令爱因斯坦余生都对此念念不忘的原因。他比任何人都更早相信光量子的真实存在,但比任何人都更抵触其中的暗示:光量子必然会将自发性和概率引入物理学。

爱因斯坦坚信光量子的存在,多年来他踽踽独行。而同时,物理学家在面对电磁辐射、放射性、原子结构,总的说来,是整个基础物理学的结构时困惑不已。普朗克于1910年悲哀地宣布,理论工作者“现在正以过去闻所未闻的大胆精神进行研究;当前没有任何一条物理定律被视为具有不容置疑的可靠性,每一条物理学真理都对争论敞开了大门。看起来,混乱的时代又一次逼近了理论物理”[11]。

1916年,罗伯特·A. 米利肯(Robert A. Millikan)在芝加哥

仔细地测量了光电效应，并成功证明：“爱因斯坦的光电方程……看上去在每种情况下都准确预测到了观察的结果。”[12]尽管如此，他仍然顽固地得出了如下结论：“目前，爱因斯坦在他的方程中得到的半微粒理论似乎完全站不住脚。”尽管存在各种证据，其他物理学家却更相信米利肯，而不相信爱因斯坦。

让情况更为混乱的是，玻尔－索末菲的原子论只享受了短短几年畅通无阻的成功。它在很多情况下都表现得够好，这让人们无法完全忽视它。人们原来认为，这一理论也可用于氢原子以外的案例，而且结果会更加完美；但当 20 世纪 20 年代来临之时，上述信心减退了。有些物理学家或许已开始考虑，这只不过是个过渡阶段。或许，量子和自发性的转变以及跃迁这类令人不安的语言很快就会被废弃不用，物理学会再次以过去为人熟知的确定性来处理一切。

在战争结束的时候，阿诺德·索末菲招到了两位有趣的新学生。1918 年招收的是来自维也纳的沃尔夫冈·泡利（Wolfgang Pauli），两年后出现的是本地男孩维尔纳·海森堡。没有过去的沉重包袱，两位年轻人很快就会崭露头角，让整个世界都感觉到他们的存在。

68

第六章　无知并非成功的保障

69

如果说,马克斯·普朗克坚持认为科学文化能让德国从饱受侮辱的深渊中重新崛起,那么沃尔夫冈·泡利和维尔纳·海森堡这类年轻人追求科学则是为了摆脱战后阴暗岁月中的困苦生活。他们两人都来自特权阶层,都是大学教授的儿子。慕尼黑这座城市刚刚摆脱饥饿困苦,就又落入了无政府主义的暴力深渊中,周而复始的革命和镇压时时被刺杀事件的新闻所点缀。就在这个时候,他们到慕尼黑大学登记入学。在后来的回忆录和采访中,他们并没有过多提及这些令人烦恼的状况。对于这两位年轻人来说,生命就意味着科学,意味着它的辉煌和困顿。科学给了他们目的和自由。

70

泡利的出身对他后来的职业生涯特别有帮助。他父亲是维也纳大学的医用化学教授,是恩斯特·马赫的同事,也算是旧实证主义的一位门徒。1900 年,他请马赫担任他刚刚出生的儿子的教父。这个时候,泡利一家已经脱离了犹太教,皈依天主教,希望此举能保证他们不受当时席卷维也纳的反犹主义浪潮的冲击。这个时期,多达10%的奥地利犹太人采取了同样的皈依行动。

青年泡利后来时常说,马赫是“一个具有比当时的天主教牧师更强个性的人物。结果,在这种情况下,我没有受洗成为一位罗马天主教徒,而是成了一个‘反形而上学人士’”[1]。马赫自称“反形而上学人士”,因为他谴责形而上学的主张,后者认为理论能够揭示自然的深层秘密,而不仅仅是对实验事实的解释。泡利勉勉强强地追随自己的教父反对原子论,但马赫的反形而上学愈演愈烈,在他身上演变为一种普遍的怀疑主义。他对任何理论化行为都抱有戒心,只要这种理论离具体的、可以证明的事实太远。在量子理论发展初期,这是一种有争议的美德。海森堡后来说,泡利想严格遵守实验数据并且始终坚持数学严格性,而在一个不确定性不断发展的世界里,要求做到这一点实在有些过分了。[2]据海森堡说,泡利本来可以发表更多成果,但能进入他的严格标准法眼的想法实在太少。不过他是一位目光尖锐且老道的批评家和顾问,人们后来称他为“物理学的良心”[3]。

在维也纳的重点中学上学期间,泡利在物理学和数学方面的不凡能力从一开始便发出了光芒。得益于父亲的影响力,他从一些大学物理教授那里得到了高级指导,毕业时已经写下了一篇令人颇为信服的讨论广义相对论这一新课题的论文。当开始考虑自己的大学教育的时候,维也纳大学的水平不能让他满

71

意。路德维希·玻尔兹曼已于1906年自杀身亡,这是纠缠了他一生的忧郁症、臆想病和他自己诊断出的神经衰弱症共同造成的,这些病状又因为马赫和其他反原子论者的持续敌意加剧。现在的维也纳大学物理系虚有其表,只不过是对它昔日光辉的低劣仿效。泡利对这座政局混乱、百业凋敝的城市毫无感情。虽说慕尼黑的情况与此大同小异,但慕尼黑大学至少还有一个理论物理系,它在索末菲的领导下不断进步,充满了蓬勃生机。1918年,战争余波尚存,沃尔夫冈·泡利来到慕尼黑,注册成为大学本科新生。在战争的最后一年,他被诊断出心脏功能脆弱,因此逃脱了应征入伍充当炮灰的命运。

泡利踏入的是一个行将崩溃的国度。11月8日,社会党领袖库尔特·艾斯纳(Kurt Eisner)在巴伐利亚州慕尼黑宣布成立一个苏维埃共和国,推翻了国王路德维希三世(King Ludwig III)的统治。第二天,一批温和的民主人士在魏玛宣布成立一个新的民主德国。两天后双方休战,柏林的威廉皇帝(Kaiser Wilhelm)被迫退位。似乎没有任何人能够掌管这个国家。右翼人士想复辟君主制,左翼人士想要一个真正的共产主义德国。1919年2月,艾斯纳被反动分子刺杀,又一个巴伐利亚人民共和国(Bavarian people's republic)于4月宣告成立,导致社会主义者和共产主义者对旧政权的人士展开了复仇,造成了短暂的红色恐怖。不久,军国主义者又杀回来,两周后击败社会党人,并以更为激烈的手段实施白色恐怖,以根除共产党人的祸患。

当时海森堡还是身在慕尼黑的一位中学生,他还记得,“慕尼黑当时处于完全混乱的状态。人们在街上互相扫射,谁也说不清楚与他们进行枪战的都是些什么人。政治权力走马灯一般在不同的人物和机构之间易手,我们中间没有几个人能说清楚他们姓甚名谁"[4]。

72

1919 年 8 月《魏玛宪法》颁布了,这是一次尝试步入民主的妥协行为,但几乎没有人对此感到满意。诸如马克斯·普朗克一类偏右温和分子向往旧德国的公民保障,他们认为所谓民主不过是对暴民统治的恭维说法。左翼人士衷心希望建立真正的社会主义,他们批评民主是处境堪忧的贫血症患者。第二年举行了选举,左翼和右翼的极端分子都取得了成功,没有人支持温和的中间分子,他们的竞选战果乏善可陈。

但一种试探性的平静感慢慢回来了,尽管它还很脆弱。魏玛德国从来都没有真正地稳定过,但德国人逐渐恢复了一点儿自信,相信他们的国家不会在第二天早上土崩瓦解。在慕尼黑,初露头角的青年科学家泡利和海森堡尽力不去注意身边发生的混乱。这时,他们终于感到,可以在某种程度上稍稍松一口气了。

索末菲受邀写一篇关于相对论的百科文章,他把这一工作转交给了他早熟的新学生——"完全是一个让人莫名惊诧的稀有样品"[5]。他这个学生已经就这一主题写过文章。就这样,还只是个本科生的沃尔夫冈·泡利便完成了一本短小精悍的书的写作,并用优雅的文字清楚地阐述了数学和物理学,这甚至让爱因斯坦都感到惊讶。

泡利很快就得出结论，说广义相对论并不是他想要从事的研究课题。尽管这一理论让人印象深刻，但它是一项已经完成了的理论，而且没有实际用途。（的确，数十年之后，广义相对论的语言才变成天体物理学和宇宙学的老生常谈，但这两门学科在1920年尚未问世。）在慕尼黑，泡利在索末菲指导下转而研究量子理论，因为那里存在许多神秘结论、尚未解决的问题和不成熟的理论。他向电离氢分子——两个原子核分享一个单一电子——发起了进攻。这一艰深玄奥的问题似乎值得他关注。他建立了一个精巧细致并有独到之处的模型，试图弄清楚一个电子如何在这一双重系统中旋转，然后试图理解量子规则是怎样应用于这些轨道的。但他的研究工作进展缓慢。

73

然而他已经入迷了。他开始表露出对索末菲工作计划的某种鄙视。为了找到可以被解释为量子规则的模型，索末菲在光谱学数据中层层筛选。索末菲的目光超出了氢和氦这样的简单元素，投向了元素周期表中其他家族的元素。他甚至试图在这种复杂情况下努力找出一般规则。他把他的发现编到一部大部头专著中，书名是《原子结构和光谱线》（*Atomic Structure and Spectral Lines*）。此书后来被称为“索末菲的圣经”。开普勒（Kepler）曾努力寻找行星轨道中存在的数学和几何学秩序，古老的毕达哥拉斯学派也笃信数的和谐。在他的这本书中，索末菲有意识地把他的努力与以上两种做法相提并论。他以华丽的辞藻宣称：“我们今天正在倾听的光谱语言，是宇宙中真正的原子音乐，是具有丰富的比例的交响乐，是一种从多样性中孕育出来的秩序与和谐。”[6]

开普勒的行星运行定律是通过仔细检查行星运动的观察结果得到的，但只是在牛顿的平方反比引力定律为太阳系的运行规律奠定理论基础之后，人们才真正认识到它的确切含义。索末菲明白，寻找数字规则是为了给一项更为深刻的理论打下基础，这与开普勒的行星定律属于同一种情况。但在严守分析型思维的泡利看来，索末菲的策略是理论保守主义与现代神秘主义的奇特结合。泡利认为，更好的策略是根据有效的原理建立合理的理论，尽管他为电离氢分子找到这样一种理论的尝试并没有让他取得多少进展。在向前发展的征程上，谁也不清楚路在何方。

74

泡利在慕尼黑养成了他一生的习惯，每天都在酒吧或咖啡馆待到很晚，因此他通常不去听早上的课。索末菲对得体的举止有自己的坚定看法，因此坚持让泡利按时起床，在头脑清醒的时候工作。泡利想努力遵守，但他无法改变自己的习惯，于是又恢复了他更愿意采用的作息时间表。泡利是一个肥胖的年轻人，坐在椅子上沉思的时候会下意识地前后晃动。索末菲终于发现，他没有办法以他认为正常的表现作为规范来要求这位古怪的天才学生，于是不再干涉泡利晚睡晚起的习惯和离奇的行事方式。背后说到索末菲的时候，泡利说他是一位骠骑兵上校；但面对他的时候，泡利则拿出了自己一生对任何人都没有过的敬重和尊崇，甚至连对爱因斯坦他都没有做到这种程度。[7]

索末菲生于普鲁士,他的外貌看上去也的确如此。他身材不高,但结实、健壮,且衣着得体,留着漂亮的小胡子,带有军人风范。他已经四十好几,仍热切地参与陆军预备役军官的操练。他是一位运动家,滑雪技能超凡。年轻的时候,他对参与当时在学生社团中盛行的饮酒和决斗极为热情。

但索末菲的保守外表是一种假象。他精通经典物理,这并不妨碍他认同创新思想。他热切地抓住玻尔那个基础不算牢靠,但具有神奇创新精神的原子模型,运用自己广博且精深的知识,把简单的玻尔原子论转化成一种精细的理论工具。

索末菲的性格也不是表面看上去的那种普鲁士式的。他以平等的态度友善地对待他的学生。除了正常的授课之外,他每周都会主持一次两个小时的强化讨论课,探讨当前最新的研究课题。海森堡这样描述这些随心所欲的讨论:“这简直就是一个交换个人有关最新进展的看法的市场。”[8]通过这种方法,索末菲的学生得以学习和评点一手的、变幻莫测的原子的量子理论。他努力吸引这些学生,让他们变成他不断修改并更新的《原子结构与光谱线》一书的意见提供者。从慕尼黑大学的理论物理系走出来的不只有泡利和海森堡这两位著名科学家,还有许多后来也对新生的量子理论做出过贡献的人。

75

1920 年的某个时候,索末菲要在每周的研讨会上介绍他的最新创造:第四量子数。直到那个时候,在玻尔 - 索末菲原子论中,电子还是由三个具有简单几何意义的量子数加以描绘的,它们分别代表电子轨道的尺寸、椭圆率和取向。但现在索末菲向前跨出了决定性的一步，超越了这种常识性的描述。

在某些多电子原子中会产生所谓的反常塞曼效应(anomalous Zeeman effect)，这是磁场中的谱线发生分裂的原始塞曼效应的一种更为复杂的变种。第四量子数即来源于索末菲对反常塞曼效应的仔细审查。按照索末菲的习惯，当注意到光谱数据中出现了某些数字规律的时候，他发明了一个新的量子数，它似乎能够解释这种模式。但这个第四量子数并没有理论基础，它并不来源于对电子轨道的任何几何学或者力学方面的明显解释。索末菲绞尽脑汁地为他的这种做法正名，他认为在这些原子中，一个外层电子参与所有相关的跃迁，而原子核与其他处于内层的电子则形成了一个复合的不变内核。整个原子看上去就像一个改装型的氢原子。索末菲提出，第四量子数涉及相对于内核的外层单个电子的运动状态，他有些含糊地称之为“隐自旋”(hidden rotation)。

76

泡利认为这并不是理论，而是异想天开。将电子轨道的标准性质转化成量子数是一回事儿，而凭空捏造一个量子数，然后用一些可疑的临时解释把它装扮起来就是另一回事儿了。难道索末菲的新发明意味着量子原子具有一些无法通过旧力学理解的性质？或者说，这只不过意味着量子理论已经江郎才尽，无法自圆其说了？

可能就在这事前后，泡利言语尖刻地对海森堡说：“如果某人对宏大的经典物理学体系不是太熟悉的话，那么由他来找出前进的道路说不定会容易得多。在这方面你有着决定性的优势。"他露出顽皮的笑容,对他的大学同学说,"但无知并非成功的保障"。[9]

如果说,泡利来到慕尼黑的时候,几乎就是个成熟、定型的物理学家了,不仅有深厚的知识,还有着坚定的见解;那么与此相反,天资颖慧但爱幻想的海森堡对物理学却只有恍惚的、零星的了解。他最初本打算学习纯数学,但在十几岁的时候发现了爱因斯坦写的一本试图对非科学家解释相对论的小册子。他后来回忆道:"我希望学习数学的初衷在不知不觉间转向了理论物理。"[10]

1901 年年底,维尔纳·海森堡出生于慕尼黑西北大约 150 英里的大学城维尔茨堡(Würzburg)。他的父亲奥古斯特·海森堡在那里教授古典文学,热衷于俾斯麦德国(Bismarckian Germany)的理想,那是一个结合了道义行为与商业追求的奉行新教的国家。他们一家生活得很体面,按时去教堂,非常虔诚,尽管奥古斯特后来对他的两个儿子坦承,事实上他没有任何特别的宗教情感。到了晚年,维尔纳曾经以完全符合不确定性原理提出者的那种优雅的模棱两可的风格说:"如果有人说我不是一位基督徒,那就是他搞错了。但如果有人说我曾经是一位基督徒,那他就说得太多了一点儿。"[11]

77

1910 年,奥古斯特·海森堡被任命为慕尼黑大学拜占庭语言学教授,于是他们举家迁往巴伐利亚首府。海森堡教授是一位好老师,但也是一位严格的纪律信奉者。在他生硬、端正的仪容之下隐藏着反复无常的脾气,这种脾气会时而发作,但通常是在家庭内部的私人环境中。他推动维尔纳和他的哥哥欧文·海森堡(Erwin Heisenberg)在体育和学业上相互竞争,通常欧文会略占优势。维尔纳发现,他只能在数学上击败欧文,而这一发现构成了他生活的基础。维尔纳与欧文之间的关系从来都不是很亲密。学习化学之后,欧文搬去了柏林,并在那里变成了人智学的狂热信徒。成年之后,两兄弟只有极少几次非常短暂的接触。

战争快要结束的时候,维尔纳从重点文科中学毕业。他必须前往当地的准军事组织服务,那是一群由十几岁的孩子组成的乌合之众,负责维持这座饱受战乱的城市的秩序。他后来说,这就像是一场警官与强盗的游戏,一点都不认真。他还记得,有时候,“当我们一家早就吃完了最后的一点儿面包之后”,他和哥哥以及朋友们会在慕尼黑这个乱七八糟的城市里四处游荡,寻找食物。[12]在巴伐利亚苏维埃时期,他曾悄悄穿过火线,进入德国共和国武装力量控制的地区,回来时随身携带着面包、牛油和咸肉。海森堡用一种实事求是的方式讲述这些回忆,好像这些探险不过是正常的青少年时期的寻常往事。

他是一个羞涩、谨慎的孩子,他的个性到战争时期才开始凸显出来。在当地准军事组织中接受了成人使命之后,维尔纳表现出某种魅力——一种令人肃然起敬(如果不是喜爱的话)的能力。离开刻板的家庭之后,他在青年男子的松散组织中得到了自由呼吸的空间。他们一起在山中攀援,在乡村远足,沉迷在对艺术、音乐和哲学的充满青春活力的讨论中。这个组织在几十年前创建,是一个更大的组织的一部分,这些组织包括“觅路人”

78

(*Pfadfinder*)和“候鸟”(*Wandervogel*)等。这些德国组织按照不久前在英国由巴登·鲍威尔(Baden Powell)首创的童子军的模式组建,但它们在英国的对应组织热心、讲求实际,而德国的这些组织更富有精神上的浪漫色彩。特别是在战后,它们变成了一个智库,对建立一个新的和平社会进行各种各样充满希望的设想。正如海森堡后来描述的那样,“在那时候的混乱状态下,家庭和学校在更为和平的时期用来保护青年的茧突然破裂了,于是……取而代之的是,我们发现了自由的新含义”[13]。

这种青年运动本质上是属于青少年的、中产阶级的,是一种只有少数幸运者才享有的放纵。托马斯·曼(Thomas Mann)在他的《浮士德博士》(*Doctor Faustu*)中描写了年轻大学生田园诗般的朝圣之旅,并尖锐地评论道:“当一个忙于追求知识的城市居民变成一个在大地母亲的某个原始乡村作短暂停留的过客的时候,这样一种短暂的生活方式……就具有一种人为的、居高临下的、一知半解的意味,带有戏剧的色彩。”[14]

在这些青年组织中,有一些播下了种子,这些种子将在大约十年之后成长为喧闹而暴力的希特勒青年团(Hitler Youth)。但海森堡的那个团体仍然竭力保持着非政治性,他随同这一组织四处游历,获得了心灵的慰藉,他一直保有着这份美好,即使当他的科学事业兴旺发达之后也依然如此。他们曾经一直徒步走到奥地利和芬兰。终其一生,海森堡都想要相信,他能够通过顾左右而言他和退隐于大自然来避开政治冲突带来的险恶危机。

79

1920 年,海森堡的父亲安排他在慕尼黑大学年迈的数学教授斐迪南·林德曼(Ferdinand Lindemann)那里进行一次面试。许多年前,林德曼曾反对任命索末菲。他的理由是,一个涉足物理学的应用数学家实在是个不走运的家伙。林德曼拥有一间阴郁的办公室,里面堆满了样式老旧的家具。办公桌旁卧着一只小黑狗,目光炯炯地瞪着年轻的求学者,当林德曼试图考察海森堡的兴趣和知识的时候,它甚至对着海森堡更为响亮地狺狺狂吠。在这喧闹声中,海森堡找到机会紧张地承认,他读过相对论。"如果是这样,那你就算与数学全然无缘了。"林德曼说道,结束了面试。[15]

于是海森堡转而去见了索末菲,并得到后者的热情接待,尽管其中也不乏些微批评。索末菲对海森堡精通数学以及他对当前物理学的兴趣印象深刻,但申请人显然关心哲学问题甚于关心实验和理论的科学基础,因为海森堡似乎觉得后者不够宏伟。对此,索末菲有些不安。教授对海森堡的劝导是:先学会走之后再跑,如果你想动手解决某门课程所涉及的深层次问题,就必须先掌握这门课程。海森堡离开的时候想,物理学或许比较沉闷。他与他的青年组织的朋友在一起的时候,争论的都是些大问题:什么是知识?我们如何才能肯定这一点?是什么造就了进步?而索末菲却想让他学习氢原子谱线的精细结构和碱金属中的反常塞曼效应。尽管如此,海森堡还是注册入学了,师从索末菲学习物理。

在写作论文时,他在经典流体物理学中选取了一个保险的问题,但这与他迅速沉浸于量子理论相比只不过是一个小插曲。

与泡利完全不同,海森堡在中学时远没有得到那么好的物理学训练。但或许正是由于这个原因,他才不那么守旧。在面对奇特但富有希望的建议时,他一眼看到的不是其中的困难,而是各种可能性。

泡利告诉海森堡:一旦某人掌握了恰当的数学,他就得到了所需要的一切;他可以提出问题,计算答案。但海森堡还想要更多,即获得对问题更基本、更内在的理解。他告诉泡利,有关他们正在试图阐明的量子原子论,"我已经用我的头脑抓住了这项理论,但还没有用我的心抓住它"[16]。他说,当时的玻尔-索末菲原子论是一种"难以理解的胡言乱语与成功经验的古怪混合体"。

但这个胡言乱语正涉及物理学中最令人兴奋的部分。索末菲向海森堡介绍了他新近发明的第四量子数,并让这位新学生看看能否扩展这一概念,使其能够解释反常塞曼效应。见解独到、能力极强的海森堡表现出了足够的专业技巧和科学想象力,完成了老师的嘱托,而且得到了一个让师徒二人都感到震惊的结果。在试图解释更多种谱线的时候,海森堡独出心裁地设计了一项公式。只要他在这项公式中加入已经让人倍感神秘的第四量子数的半整数值,即1/2、3/2、5/2等,它就能轻易解释各种现象。但如果把这些数值乘以2去掉分母,他的公式便立即失效,因为这一数列变成了1、3、5等,丢失了其中的偶数值。

索末菲对此不以为然。一套半量子数不符合理论的整个要点。泡利也赞同这一点。他认为,一旦你引入半量子数,那么

1/4、1/8等都会接踵而来，这样一来量子理论便会就此倾覆。

81 就在海森堡与索末菲就这一奇特的建议激烈争论的时候，另一位年轻的德国物理学家阿尔弗雷德·朗德发表了与此本质上相同的想法，这让他们大吃一惊。朗德还是哥廷根大学的学生时，便通过尼尔斯·玻尔的战前来访第一次接触到了量子理论。与海森堡一样，朗德也没有为半量子数这一处理方法提出理论依据。他只是说，这种方法似乎可以解开几个有趣的谜团。

海森堡因自己丧失了"最先发表"这一荣誉而感到郁闷，他试图通过解决半量子数的理论问题重新夺回领先地位。索末菲曾经提出，第四量子数与相对于原子内核的一个外层电子的旋转有关。海森堡抱着试试看的心理又向前发展了一步，提出这种旋转或许会分裂为半整数单元，其中一部分属于电子，另一部分属于原子内核。当这个外层电子转化的时候，旋转量子中只有一半起作用。

海森堡为自己的天才创想而欣喜若狂，但索末菲和泡利都不接受他的想法。这种假设当然是大胆的、富有想象力的，但从另一个角度来说也是冒险的、没有根据的。不过，索末菲还是同意发表这篇论文，这成了海森堡发表的第一篇作品。朗德也不太认为这种想法能成立，于是致信海森堡，指出后者的理论实际上抛弃了神圣的角动量守恒原理。海森堡对此并不很在意。一切旧规则都等待着人们重新评估。正如朗德在许多年后所说，面对一个难题，海森堡的策略不是在已知的物理学框架内苦苦追寻答案，而是立即跳出来，寻找某种全新的前卫的东西。[17]这种态度为这位年轻人带来伟大的成功,但有时也不那么奏效。

与此类似,索末菲对海森堡的评价是:他确实非常聪明,但他不受拘束的做法令人担心。总之,就是还不够成熟。他觉得他的年轻学生的成果已经足以让他写信告诉爱因斯坦,他一方面赞扬海森堡正在尝试的理论,另一方面也承认自己对之有所保留。他写道:"这项理论能很好地解释各种现象,但其基础相当不明晰。我只能强调其中有关量子的技术部分,你肯定会有你的哲学。"[18]

82

海森堡第一次解决理论物理学问题的尝试或许很出色,或许很愚蠢,或许二者兼而有之,但这一尝试颠覆了他早些时候的态度。他现在认识到,研究之路的进展并非来自对重大哲学问题的苦思冥想,而是来自解决特定问题的尝试。而且这也有助于一个人对新思想保持开放。泡利的嘲讽带有几分道理。海森堡掌握的物理学理论不多,这让他无法看清他的半整数量子理论是何等荒谬。但那时海森堡已经意识到,索末菲往往过分谨慎,而泡利往往过分怀疑。许多年后,海森堡遇见了伟大的美国物理学家理查德·费曼(Richard Feynman)。费曼慨叹青年物理学家已经不再享有犯错的奢侈机会了,他们的老师和同事会跳出来,残忍地扼杀掉任何不够有效的推理,让它们根本没有生根发芽的机会。但是,费曼告诉海森堡,有时候,他会得到一个他知道不合理的想法,但"他妈的,我看得出来,这种想法是正确的"[19]。

在索末菲的指导下,海森堡有幸看到了他第一个有启发性也有争议的物理学观点被抛出来自谋生路。这很令人振奋。他人的批评只会更加激励海森堡坚持不懈,他已经找到了自己的道路。经典的秩序正在瓦解,而海森堡将参与对新体系的寻找。与对政治问题一样,年轻的海森堡对昔日的确定性没有任何留恋。

第七章　怎么能高兴得起来

83

1922 年夏季,德国享有片刻的安宁。食物缺乏,但没有几个人真的挨饿。人们手上的金钱有限,恶性通货膨胀让大家不得不用手推车推着票面价值高达数十亿马克的破旧纸币购买面包和牛奶,但这种现象并没有让人们揭竿而起。是年 6 月,在阳光明媚、气候宜人的哥廷根,理论物理学家齐聚一堂,聆听世所公认的量子理论引路人尼尔斯·玻尔大师的一系列演讲。索末菲自然到场了,而且他坚持让他早熟且已备受争议的学生海森堡也来听讲。即使海森堡的家庭还算相对富裕,他们也付不起必需的差旅费。因此,索末菲自掏腰包,让海森堡得以成行。海森堡在别人住处的长沙发上睡觉,而且总是吃不饱。但他回忆说,对于那个时候的大学生来说,这根本算不上什么不寻常的事情。

84

泡利也到会了。他前一年秋天在慕尼黑大学获得了博士学位,然后又在哥廷根度过了冬季的半个学年,随即在汉堡大学谋得一份教职。现在他南下哥廷根,首次与玻尔会面。

玻尔的访问不但具有重大的科学意义,而且具有重大的政治意义。与爱因斯坦一样,玻尔也痛恨德国的军国主义和帝国主义,也不赞成在战后孤立德国科学的尝试。过于坚持复仇并不会带来和平。

玻尔已经开始与德国重建联系。1920 年,他曾在普朗克和爱因斯坦的邀请下访问柏林。这是玻尔与两位科学巨人的首次会面,而这两个人都对这位年轻的丹麦人赞誉有加。随后爱因斯坦与玻尔通信,互相恭维。[1]爱因斯坦在给玻尔的信中写道:"在我的生命中,很少有人能够仅仅通过其到场就让我感到如此高兴,我正在研究你的杰出论文,尽管有时会对某些地方感到困惑。我有幸看到你友好而年轻的面孔出现在我的眼前,微笑着为我解惑。"玻尔在回信中写道:"面见并与你交谈,这是我生命中最伟大的时刻之一,我永远不会忘记我们在从达勒姆(Dahlem)到你家的路上进行的交谈。"

两年后,玻尔访问了哥廷根。此时,这所大学中原有的那些故步自封的人物已经星流云散了。理论物理系的新主任是马克斯·玻恩。八年前,玻尔对哥廷根进行战前访问期间,波恩是众多热情支持玻尔观点的年轻科学家中的一个。玻恩对数学严格性具有哥廷根式的爱好,但他热情接受了神奇的新物理学,尽管它还有一些凌乱和不能自洽的地方。

85　在 1922 年 6 月的宜人天气里,玻尔以他神谕风格的漫谈形式发表了一系列演讲,陈述了来自哥本哈根的量子理论观点。

后来,人们把这明媚的一周里举行的活动命名为“玻尔量子节”。与此交相辉映的是,大约同时,亨德尔音乐节也在哥廷根隆重举行。

窗户打开了,夏日的嘈杂飘进了安静的研讨会房间。一个当地听众发出了抱怨,因为哥廷根大学的高级教员像以往一样,占据了前排最好的位置,地位较低的科学家只能坐在后排,费力捕捉玻尔缓慢而模糊的语句。但海森堡已经听得入迷。他是从索末菲那里学到量子物理学的,后者的学术风格强调简单的模型和基本的计算。与此相反,对于这位大师的话语,海森堡的评论是:“他的每一句话都透露出一系列掩藏着的思想和哲学性的反思,他对所有这些都有暗示,却未曾明言……这一切听起来完全不像是玻尔说的。”[2]

玻尔谈到了他最近与一位助手在哥本哈根研究的新想法。海森堡曾与泡利一起阅读那些论文并给出评论,他在后排座位上鲁莽地表达了对它们的反对意见。这让前排的绅士们回头观望。由于海森堡那令人憎恶的半量子数思想,玻尔知道海森堡的名字。演讲结束后,他邀请这位年轻人和他一起散步。他们走上能够俯瞰哥廷根的小山海因堡山(Hainberg),然后坐在咖啡店里剖析量子理论。许多年后海森堡说:“我真正的科学之旅始于那天下午。”

海森堡告诉玻尔,他想知道量子理论到底意味着什么。除了独具匠心的计算,除了奇特的量子数和规则组成的体系能与复杂的谱线相符合,他还想知道,什么是最根本的概念,以及有

关这一切的真正的物理学。玻尔并没有坚持认为,需要有一个
86
能够被系统地转化成量子术语的详细的经典模型。相反,他告诉海森堡:考虑到物理学家一直在对这些想法的不妥之处进行艰辛的摸索,模型要尽可能多地抓住原子的特性。玻尔意味深长地结束了谈话:“当说到原子的时候,只能像写诗一样使用语言。诗人最关心的也不是描述事实,而是创造意象,建立精神联系。”

在海森堡听起来,这句话既古怪又具有启发意义。仅仅二三十年前,玻尔兹曼和他的同盟曾竭力为原子的实体性辩护,认为这绝不仅仅是一种理论上的抽象,更不是一种带有诗意的暗喻。现在玻尔如此说,难道他的意思是,物理学家不可能有希望具体地描述原子,而只好借助于类比和比喻来敷衍了事?难道说,原子的内在真实不是物理学家可以真正揭示的吗?或者说,就连谈论原子的内在真实都是毫无意义的吗?

我们不清楚读者对海森堡有关这些会面的叙述相信几分。许多年后,当提笔记述这些事件的时候,海森堡假装再现了那些热烈的长谈,写下了许多复杂而又充满缜密思维的段落。人们很难摆脱一种感觉,即在海森堡的复述中,玻尔所说的东西符合玻尔的物理学观点,而玻尔的这一物理学是海森堡在多年之中自行塑造的。但不可否认的是,海森堡与玻尔的第一次会面确实改变了他有关量子理论所探讨的对象的观点。

玻尔明白,量子理论或许不会遵照经典规则,但他仍然从一开始便坚持认为,能够如此成功地描述日常世界的经典物理语

言仍旧是不可替代的。他提出的跨越鸿沟的桥梁是一个包罗万象的想法，他称之为对应原理。这一原理认为，当对原子行为的经典分析有效的时候，原子的量子理论就应该严丝合缝地符合这一分析。例如，电子在靠近原子核的近核轨道之间跃迁的时候涉及陡然发生的巨大的能量变化，而在一个原子系统的远端电子轨道上，即在大量子数状态之间发生转化时，与轨道本身的能量相比，这一转化所牵涉的能量改变并不大。量子的跃迁越温和，它就越接近那种经典物理学可以处理的增量变化。对应原理意味着，在这种情况下，量子与经典行为应该倾向于得到同样的结果。而且确实，玻尔就曾使用这种推理充实他的原子模型的细节。

87

但总的来说，要在复杂的情况下巧妙地应用对应原理，应用者需要采用某种策略。一本出版于20世纪20年代初的教科书说，对应原理"不能以准确的定量定律来表达，但它在玻尔手中结出了特别丰硕的果实"。在物理学的这一时期，亚伯拉罕・派斯（Abraham Pais）发表了大量作品，他曾神秘地评论道："需要采取某种艺术技巧才能在实践中运用对应原理。"另一个怀恋旧日的物理学家埃米利奥・塞格雷（Emilio Segrè）也认为，对应原理很难准确地用定量规则表示，而且他的解释实际上相当于说："玻尔将以这种方法行事。"[3]

玻尔秘诀就这样产生了。通过严谨、直觉的方式，玻尔能够看出如何构建量子理论，人们认为其他物理学家应该按照他的方法行事，尽管他们无法真正看清他做了些什么。他以漫谈的方式演讲,煞费苦心地让自己的句子富于想象力,因此看上去其中包含着某种恢宏的意思,但总让听众觉得还差一点儿才能抓住真正的中心思想。他因这种演讲风格而闻名。从某种意义上说,弄清楚玻尔的意思是观众的任务,讲得更清楚一点儿不是玻尔的责任。与任何无愧于自己名声的大师一样,玻尔是个神秘而不那么坦率的人物。

88

海森堡第一次与玻尔相遇之后,写信给家里的父母。显然,他感到自己给玻尔留下了深刻印象。尽管与索末菲一样,玻尔也对海森堡的半整数量子想法持保留意见,但按照海森堡的说法,他们都不得不承认,他们无法证明他是错的,而他们反对不过是因为其"含糊的表述和品位问题"[4]。玻尔显然在他的一次演讲中描述了海森堡的工作,说它"非常有趣",但这位年轻人不熟悉玻尔的口头禅,因此把这种评论当成赞赏。在他们谈话的最后,玻尔向海森堡暗示,他应该想办法来哥本哈根待一阵子。

玻尔有了一个新门徒。

美国的学术环境日益成熟,其中一个迹象是,索末菲接到邀请,从 1922 年 9 月开始前往遥远的威斯康星州的麦迪逊进行一年的学术访问。他很高兴能把量子的信条传播给一批热切的新听众,而且在德国马克越来越一文不值的时候,获得一些国外收入的机会是不容错过的。他不在的时候,就安排尚未毕业的海森堡继续在哥廷根跟着玻恩做研究。

在此期间,海森堡 9 月前往莱比锡参加德国科学家和内科医生协会的年会,他特别希望能在那里遇到爱因斯坦。但当时,反犹主义和反对犹太科学运动的势头方兴未艾。6月,玻尔在哥廷根发表成功的演讲后不久,柏林的右翼准军事组织开枪射杀了德国外交部部长沃尔特·拉特瑙(Walther Rathenau)。他是一名犹太人,也是爱因斯坦的朋友。工人、工会会员和社会党人组织起来抗议。各个右翼团体轮番上阵,反对共产主义者和犹太人的声音越来越响亮。在这种微妙又危险的气氛笼罩之下,爱因斯坦决定不去莱比锡。

89

参加这次年会让海森堡大开眼界。在他出席的第一次会议上,一张传单塞到了他的手中,这是一份来自德国科学运动的谴责犹太思想的传单。在他的回忆录中,海森堡承认,他对政治和偏见侵扰科学世界深感震惊。但他不太可能没有察觉到这些敌意和仇恨。真正让他感到震惊的是,他再也不可能抱有这种仇恨会消失的希望,或者假装这种仇恨只不过是昙花一现的变态心理,将在理智的压力下迅速消亡。科学家也可能像街上的暴徒那样丧失理智,那样出言不逊,那样投机取巧又自私自利。科学并不是海森堡梦想中的避难所。

参加了第一次会议之后,他回到寓所时发现,他带来的一切东西都不翼而飞了。他除了身上穿的衣服和回程的火车票之外一无所有。他直接回了慕尼黑,然后很快去了哥廷根。在那里,他至少可以寄望于在大学城中找到容身之地,从而保有一份作为知识分子而与外部世界的痛楚不存在关系的殊荣。

泡利在哥廷根度过了前一个学年的冬季学期。玻恩写信告诉爱因斯坦:“年轻的泡利非常善于激励人,我永远也不会再得到一个像他那么好的助手了。”[5]但他有些恼火地发现,他每天早晨都得派一个女孩子去叫醒泡利,让他在上午10时30分起床。泡利略显粗鲁的独立自主和伶牙俐齿,也让他不讨安静又庄重的玻恩的欢心。泡利曾语带讽刺地说起哥廷根大学过分严谨和迂腐的氛围,他称之为“哥廷根学者气质”(Göttingen Gelehr-

90

samkeit)。不过许多年后玻恩提到泡利时说:“我从一开始就很有点儿被他打败的感觉……他从来不会做我让他做的事情,他总是以他自己的方式去做,而且他通常是对的。”[6]

尽管像逐渐年迈的索末菲一样,玻恩也开始从科研第一线上退下来,转而负责监督哥廷根那个同样具有影响力的量子理论学派,但他从未获得索末菲所获得的那种普遍的尊敬和爱戴。他曾经是个羞涩、敏感的孩子,很容易因为小小的责难就丧失信心。成年之后,他变成了一个拘谨、羞怯、偶尔容易动怒的人。他的初衷是成为纯数学家,但在哥廷根大学数学系学习一阵子后,他为身边的数学天才如此之多而惊叹不已。这让他的数学家梦想告一段落。转投物理系之后,他发现自己擅长此道,而且对物理学的各个领域都能很快领悟,用他形容自己的一个词来说就是“万金油”。他一直保持万金油的各项能力,但很容易因为自己的贡献未能得到广泛注意而感到受了冒犯。他在战时被任命为柏林大学的教授,随着广义相对论横空出世,他与爱因斯坦变得很亲近。玻恩后来写道:“我对他的理念的博大精深如此震惊,以至于我决定永远也不涉足这一领域。”[7]

他变成了一个好教师、好导师，但正如他与泡利的相处经验证明的那样，在面对比自己更敏锐、更自信的学生时，他可能会被对方吓住。与泡利不同，事实证明，海森堡在不需要帮助的情况下也能自己早上起床，并对玻恩有足够的尊敬。据玻恩回忆，海森堡“相当不同。他来的时候像一位农村孩子，非常安静、友好、羞涩……但我很快就发现，他的头脑与另一位一样出色”[8]。

从玻恩身上，海森堡见识到了对量子理论发展的第三种态度。索末菲通过解决问题稳步向前，很少受到数学精密性或者哲学深度的困扰。玻尔试图将模糊的概念与隐约感知到的想法转化成合理的模型，且直到此时才开始为之寻找一种数学公式。与这两位形成对照的是，玻恩不乐意说出任何他尚无法以正式的数学方式表达的东西。尽管他放弃了成为真正的数学家的一切渴望，他的思维还保留着数学家的那种强大的特点，即对严格推理和滴水不漏的逻辑的渴望。

91

哥廷根大学还保留着它过去气质的痕迹。首席数学天才大卫·希尔伯特(David Hilbert)看到在物理学理论中越来越多地使用纯数学的倾向，他对此半开玩笑地评论道，对于物理学家来说，物理学变得太困难了——暗示着，人们只能信任数学家，只有他们才能做好这份工作。对此，玻恩至少同意一半。玻尔坚信首先确定概念的重要性，玻恩不同意这种看法。玻恩说：“我一直认为，数学家比我们物理学家更聪明——一位数学家总能在进行哲学思考前找到正确的公式体系。”[9]海森堡形成了一个与此完全不同的观点。他说：“从某些角度看，玻恩非常保守。

他只陈述那些他能够用数学方法证明的东西……对于事物在原子物理中是怎样运转的,他缺乏感觉。”[10]

这就是玻恩的不幸角色:作为物理学家,他具有过多的数学家特色;作为数学家,他又显得不足。

然而,通过与玻恩的相处,海森堡的数学素养达到了新的高度。玻恩在家中为五六位兴致盎然的学生开办了定期的讲习班。但即使在这些早期的日子里,海森堡也很难确信,玻恩具有推动科学向前发展的那种正确的想象力。

在玻恩的指导下,海森堡把他的想法(包括半量子体系)应用于中性氦原子。在氦原子中有两个电子围绕着一个带有两个单位正电荷的原子核旋转。氦原子的光谱表现出了各种复杂结构,其中包括单重和多重谱线。而当存在于电场或者磁场中的时候,这些谱线就会以让人无法理解的复杂方式分裂。没过多久,海森堡和玻恩便得出结论:他们完全无法理解氦原子,即便加上所有对玻尔-索末菲原子论的改进和完善也无能为力。玻尔的研究所也得出了同样的结论。

在此期间,在海森堡之前发表半整数量子想法的阿尔弗雷德·朗德又提出了新想法。他增加了更多的奇特规则,推出了一个体系模拟塞曼效应更多的癖性。泡利对他的这种策略感到无可奈何。他无法否认,朗德的做法和工具似乎确实符合许多组复杂的光谱学数据,但他觉得,对于寻找一项牵涉这些现象的决定性理论来说,这些努力显得十分愚蠢。

在汉堡谋到一个职位之后,泡利很快便找机会到哥本哈根待了几个月，他可以在那里向玻尔学习量子理论。据泡利回忆，有一天，他在街头漫步的时候巧遇一位朋友，这位朋友说他看上去闷闷不乐。泡利怒气冲冲地回答："一个人在思考反常塞曼效应的时候，怎么能高兴得起来？"[11]然后继续向前走。

玻尔对索末菲精心炮制的原子模型十分热情，但他对于慕尼黑这种盲目使量子数和奇特的数字系统符合各种谱线的游戏越来越不感兴趣。这种努力并不能为理论的进展带来任何曙光，反而像是纯粹的修补——对每种新的光谱之谜提出一些人为的理论设想作为回答。海森堡和泡利也时常感到：他们似乎与什么东西失之交臂了；一个模型只能承受这么多修饰，再继续下去它的概念完整性就会不复存在。海森堡后来回忆："我们中已经有人开始感觉到，这一理论的早期成功或许只是因为它被人用在了特别简单的原子体系中，只要体系稍微复杂一点儿，这一理论就无法承受了。"[12]

93

看上去，试图揭示量子原子反复无常本性的物理学家，自己却在诉诸非理性。

第八章　我情愿当一个修鞋匠

94

1923年9月，尼尔斯·玻尔首次访问北美。他在哈佛大学、普林斯顿大学、哥伦比亚大学和其他地方发表了演讲，最后以在耶鲁大学的六次演讲作为结束。《纽约时报》(*New York Times*)认为这一事件值得报道，但它在文章中把玻尔的教名Niels拼成了Nils(尼勒斯)。这篇报道写道："尼勒斯·玻尔博士将解释他有关原子结构的理论，许多科学家接受这一学说，认为它是迄今发表的最为可信的理论。"[1]文章还添加了一个有助于理解的副标题：在他的图像中，原子核相当于太阳，电子相当于行星。

当然，到了这个时候，即使作为一个勉强的类比，原子作为一个微型太阳系的想法都不大能站得住脚了。玻尔在耶鲁大学描述了原子理论的历史，解释光谱学如何变成探索现代原子结构的关键工具，并谈到电子如何应当存在于原子中并在那里运动，暗示了理论工作者们当前面临的许多谜团。在《纽约时报》

95

的报道中，玻尔承认了他在以人们熟悉的语言清晰描述量子原子方面的无能为力："我希望我已经成功地让诸位得到了一个印象，即我们正在研究某种实体，一种将已有的实验证据与对新的实验证据的预测相结合的真实存在。当然，我们还无法给出一种图像，就像我们过去在自然哲学中使用的那种图像一样。我们正处于一个新的领域，过去的方法无法帮助我们，我们正在试图发展新的方法。"

尽管报纸偶有关注，但玻尔从未得到类似爱因斯坦那样的荣誉，他身上也没有类似爱因斯坦那样迷人的光环。玻尔因在原子结构方面的创见而获得了1922年的诺贝尔物理学奖。即使在那个时候，他的光芒也被爱因斯坦遮蔽着，后者在同一时间被授予了迟到的1921年度诺贝尔奖。多年来，爱因斯坦获得过数次诺贝尔奖提名，但诺贝尔委员会很谨慎，他们在接受相对论这一仍受激烈批评的理论方面动作迟缓，因为仍然缺少直接证据来证明该理论。爱因斯坦差点儿就获得了1920年的诺贝尔奖，但最后一刻的怀疑和保留态度让委员会授予了瑞士的夏尔·纪尧姆(Charles Guillaume)。纪尧姆发明了一种低热膨胀系数的镍钢，这种镍钢在精确测量仪器方面具有很高的实用价值。爱因斯坦最后因他的光电效应理论而获奖，这一理论在几年前由米利肯的实验证实，尽管米利肯本人拒绝承认他的结果证实了光量子的存在。

玻尔和爱因斯坦获诺贝尔奖让一个明显的矛盾更加突出。96爱因斯坦多年前便接受了光量子的存在这一实际现象，但对它们用不连续和偶然性因素玷污了物理学耿耿于怀。与此形成鲜明对照的是,玻尔发明了一个原子模型,解释原子如何发射和吸收具有某些特定频率的光量子,但随之便碰到了麻烦,因为他不肯承认,这些光的能量小单元是物理学的真正基础。

几周之后,有关一项实验的消息似乎解决了这个问题。在美国圣路易斯华盛顿大学(Washington University in St. Louis),阿瑟·康普顿(Arthur Compton)成功让电子反弹了X射线,这与量子模型预测的完全一致。当一个辐射量子命中一个电子的时候,它将受到反弹并失去一些能量。但根据普朗克规则,每个量子的能量与辐射的频率成正比,因此能量的降低便意味着变低了频率或者增加了波长。康普顿进行了小心的测量,证实了这一点。他总结道:“我们的实验结果与公式如此之吻合,让我们几乎不会怀疑,X射线的散射是一种量子现象。”[2]

当时正在麦迪逊任教的索末菲把这个消息告诉了玻尔,不仅如此,玻尔在美国旅行发表有关量子理论的演讲时,力劝听众认识这一实验的重要性。康普顿的决定性发现发表在1923年5月的《美国物理学评论》(*American Physical Review*)上,这一期刊现在已经是举世闻名的物理学杂志,但在当时的欧洲很少有人知道。1962年,海森堡在接受采访时回忆了那些早期的日子,说当时没有任何德国人阅读《美国物理学评论》,那时它并不存在;但事实上这份杂志在此三十年前便已诞生。[3]

作为光量子应被严肃对待的重要证据,康普顿散射被载入史册。大多数物理学家(如索末菲等)可能都以极大的热情来迎

97 接这一发现,也有一些人接受得颇为勉强。但是,尼尔斯·玻尔的反应甚至超出了怀疑,表现出了明显的敌意。他的倔强几乎到了愚蠢的地步。他比以往更强烈地坚持认为光量子不可能是真实的,并花一年时间炮制了一个原子发射和吸收的粗糙理论,完全否认光量子在其中的任何作用。这揭示了玻尔性格中阴暗的一面。他确信只有他才能看到真理,他以势压人,拒绝妥协,并且拒绝接受理性。

后来证明,玻尔对康普顿发现的反感并不只是一个科学判断的问题。他反应激烈是因为几个月前听过与此相同的想法,但表示了反对。当时,玻尔在哥本哈根的助手提出了后来被称为康普顿效应的理论,玻尔愤怒地压制了他的想法。因此,当康普顿发表他的成果之后,玻尔立即进行了反击。

玻尔的助手是亨德里克·克拉默斯(Hendrik Kramers),一个鹿特丹人。1916年,克拉默斯出现在玻尔哥本哈根的家门前;他有物理学学位,还怀着学习量子论的渴望。事实证明,他们两人的配合天衣无缝。克拉默斯具有敏捷的学习能力和雄厚的数学基础,能迅速抓住玻尔含混不清的思想,并把它们转化成定量的理论陈述。他还能条理清晰地演讲。来到哥本哈根后没几年,克拉默斯就成了玻尔的一位非正式的使者,向经常持有保留和怀疑态度的听众发表十分具有说服力的讲话。克拉默斯能给出的是准确的论证和特定的计算,而不是玻尔偏爱的那种晦涩的哲学式喃喃自语。

“玻尔是真主,克拉默斯是他的使者。”[4]沃尔夫冈·泡利如是说,尽管他相当喜欢玻尔的这位助手。骄傲且带有一点儿不安全感的克拉默斯易怒,说起话来略带讽刺意味。泡利能从他身上看出与自己意气相投的精神。

玻尔鼓励克拉默斯研究一个那时还没有引起多少注意的问题。如果说谱线最引人注目的特征是它的波长或者频率的话,那么第二个明显的特性便是它的强度。有些谱线比其他谱线更亮。可以从爱因斯坦于1916年发表的一篇很有先见之明的论文中找到一种解释的萌芽。在这篇论文中,爱因斯坦证明,原子跃迁遵守一种与卢瑟福的放射性衰变概率规则相同的概率定律。玻尔对克拉默斯提出的建议是,一种跃迁的概率越高,则与其对应的谱线就应该越亮。 98

爱因斯坦对原子以突然的、具有概率性的方式发射光这一现象的分析,为人们相信光量子是真实的物理存在提供了进一步的理由。追随着这一足迹,克拉默斯不由得吸取了同样的经验。

根据最近才由克拉默斯的传记作家马克斯·德累斯顿(Max Dresden)披露出来的一个故事,在1921年的某段时间里,克拉默斯肯定一直在考虑一个光量子与一个类似电子的粒子相互作用的方式这一问题。[5]他很快就拿出了一个简单得令人喜爱的碰撞定律,这与康普顿不久后应用的具有重大意义的定律完全相同。克拉默斯的妻子是个歌唱家,她因为暴风雨般的性格而被人赠予诨名“风暴”。根据她的回忆,有一天克拉默斯回到家,“因激动而神志不清”。第二天他把他的历史性重大发现告诉了玻尔。

然而，“风暴”女士回忆道：玻尔试图以各种不同的方式说服她的丈夫，一遍又一遍地向他解释和维持自己的观点，坚持认为光量子的想法是站不住脚的，根本不容于物理学，因为它意味着极为成功的电动力学的经典理论将被抛诸脑后，而这是完全无法想象的。玻尔可以拿出无数个有分量但难以捉摸的论据——包括物理学的、哲学的、自然历史方面的——来反对克拉默斯简单明了的计算。玻尔掌握了极其善于说服人的技巧，哪怕在他完全没有道理的时候也是如此。凭借他令人敬仰却不可理解的推理，只要他在所有数学家和计算家之前看到了正确的答案，他作为量子理论神秘大师的名声便会增长。但当他以同样残忍的方式为错误的想法辩护时，就可能成为一个不折不扣的恶霸。

99

遭受了如此巨大的压力，克拉默斯病倒了，他把医院作为避难所，在里面住了几天。到他出院时，他彻底向玻尔的意愿屈服了。克拉默斯压下了很快就会被人称为康普顿效应的发现，甚至把自己的笔记都销毁了。他变成了玻尔的同盟军，一起谴责嘲笑光量子，其狂热程度即使没有超过玻尔，至少也与他旗鼓相当。在康普顿发表了他的结果之后，克拉默斯进一步压制了他已经准确计算出，而康普顿正向全世界公布的知识。他还和他的老板一起，寻找方法继续反对一个无法接受的结论。

玻尔在这个问题上的固执让人觉得不可思议。他似乎坚定地认为，接受不连续的光量子的存在必然破坏经典电磁学的理论。其他人（尤其是爱因斯坦）清楚地认识到，这两种观点之间确实存在基本的不一致，但他们确信，当前物理学必须暂时搁置这个问题，留待人们消化了所有新想法之后再行解决。

不过，玻尔和克拉默斯已经开始了拯救他们自己观点的战斗。第三位年轻合作者也加入了他们的阵营。他叫约翰·C. 斯莱特（John C. Slater），在哈佛大学取得博士学位后，于 1923 年秋季开始到欧洲各地游历。他在剑桥大学待了几个月，之后来到哥本哈根。与大多数青年物理学家一样，斯莱特无保留地接受光量子理论。但他在经典辐射理论的祖籍剑桥大学时，就依稀看到了一种可能性：既不必抛弃光的波动学说（因为它获得了无可否认的成功），又可以保留光量子的地位。他认为，二者必须并存。他构想一种与经典说法基本保持一致的辐射场，但重新对它进行定义。它的存在能够引导光量子，帮助解决它们与原子之间相互作用的问题。

100

来到哥本哈根之后，斯莱特发现，他正在孕育的假说非常受欢迎。玻尔和克拉默斯对存在一个以某种方式和原子相互作用的场这一想法特别感兴趣，这个场能确定它们在什么时候发射或者吸收光。不过，他们对斯莱特有关辐射场也可以引导光量子通过的想法不感兴趣。他们开始同年轻的访问学者一起工作，进行无休止的争论，反复谈他的聪明想法如何被重新改造成一个可接受的理论。这三个人开始一起准备一篇论文。玻尔沉思默想，把他心中的想法说出来，克拉默斯则尽其所能地记笔记，而斯莱特则站在一边满怀憧憬地等待。在斯莱特写给家人的信中，他表达了因为自己的想法受到了玻尔这样一位大人物的认真对待而感到的振奋心情。[6]他还说，他有信心在不久的将来看到这篇论文完成。1924 年 1 月,他们把完成的论文寄出去发表。对于任何署上了玻尔名字的文章而言,这种速度都令人瞩目。作者顺序是玻尔(B)、克拉默斯(K)、斯莱特(S)。

BKS 论文的特征是,它提出的并不是一个结构严密的定量模型,而只是一个非数学的梗概,是一种可能的理论的轮廓。文章只有一个极为简单的方程。然而,论文却以纯粹定性的方式描述了围绕着原子的一种新的辐射场,它能够影响原子对光的吸收和发射,还能在它们之间传输能量。

文章还含有一个新要素,并非 BKS 的原创,而是改编自较早的提议。正如玻尔在耶鲁大学对他的听众解释的那样,电子以行星的形式围绕原子核旋转这一想法已经不再被认真对待了,然而还没有人提出任何更好的解释。于是,BKS 使用了一个托词。他们把一个原子描绘成一组"虚拟振子",它们中的每一个都对应于一条特定的光谱谱线。用基本的术语描述,即所有简谐振子——每一个都是一个单摆,一个负重弹簧,都是一个在周围不停飞来飞去的电子——本质上都遵守同样的数学定律。为避免失去普遍性,BKS 使用了振荡系统的标准物理学,而没有尝试把他们所假定的振子与任何明显的图像(这种图像说明电子实际上是在一个原子内运动的)相联系。这一切都与 BKS 的精神明显一致,其目标是提供一份可能的理论蓝图,而不是一个成熟的模型。

101

BKS 论文中的一个总结性句子表达了他们建议的模糊本质和玻尔令人沮丧的、难以捉摸的文体风格:"我们假定处于某种固定状态的给定原子将通过一种与在经典理论中源自对应于各种向其他定态跃迁的可能虚拟谐振子的辐射场实际上等价的时间-空间机制与其他原子相互交流。"[7]

从这个句子来看,玻尔似乎像律师们那样认为,标点符号会制造歧义。① 同样令人吃惊的是,仔细检查之后会发现,这种语言竟然如此朦胧不清。关键论证是用条件式表达的,并依赖于有意模糊处理的语句:"互相交流""时间-空间机制""实际上等价"……文中的每一个措辞都一而再再而三地重复,而这种明显的重复实在过分烦琐。然而,令人奇怪的结果是,玻尔越是试图小心翼翼地表达自己,其中的含义就越不清晰。爱因斯坦有一次说,玻尔"就像一个永远在摸索的人那样表达他的意见,而从来不像一个相信他自己掌握了最终真理的人那样表达"[8]。很明显,这话是在表示赞扬。但玻尔后来的一位合作者承认,玻尔这种方式有其缺陷:"你永远无法让玻尔说明白什么。他总是给人一种印象,即他是捉摸不定的,而对于不了解他的外人来说,他的表现实在有失水准。"[9] 102

在BKS随意给出的那些模糊得令人发狂的建议中,一个坦率的结论很突出:根据他们的理论,能量并不是绝对守恒的。因

① 为说明玻尔的文风,上个自然段中玻尔原文句子的翻译基本保留了原来的结构。为便于读者理解,此处加以调整重新译出:"我们假定,处于某种固定状态的给定原子将通过一种时间-空间机制与其他原子相互交流,这种机制实际上与辐射场等价,这个辐射场在经典理论中源自对应于各种向其他定态跃迁的可能虚拟谐振子。"——译者注

为能量的发射和吸收是按照概率规则进行的,能量可以在一个地方消失,在别的地方重新出现,反之亦然,而不是通过古老的因果律将一个事件严格地与另一个事件联系。神秘的辐射场有点像是能量的托管账户,这样从长远来看能量总数总是积少成多的,而在短期内可能会有暂时的储蓄或者透支。

玻尔想保留经典的波动理论,所以他非常急切地想禁绝一切提到爱因斯坦的光量子的说法,结果最后把经典的能量守恒定律从窗户里扔了出去。显然,要把这些相互矛盾的想法协调起来很不容易。

或许因为玻尔知道答案是什么,他表现出某种古怪的胆怯。他没有直接与爱因斯坦联系,而是请泡利问问那位老人对 BKS 文章的看法。泡利的回话是:爱因斯坦对他们的理论的评价是“相当武断”,甚至“令人厌恶”(这里用的是法文 *dégoûtant*)[10]。泡利还加了一句:他自己也完全不赞同他们的提法。爱因斯坦在给马克斯·玻恩的信中写道:如果这就是理论的最终发展方向,“我情愿当一个修鞋匠甚至赌场工人,也不愿当一名物理学家”[11]。许多年后,有人问玻恩对 BKS 理论的看法,他把问题抛给了提问者:“你能跟我解释一下 BKS 理论是什么吗?这是一件我一生都没有真正弄懂的事情。”[12]

103 这一理论是短命的。玻尔、克拉默斯和斯莱特不得不强辩说,康普顿的结果仅仅证明了一个统计真理。能量在 X 射线与电子发生的个别碰撞中并非必须守恒,但就整体而言,任何偏差都会相互抵消。但康普顿和其他人所做的新实验很快就证明,这一断言是错的。个别碰撞严格地遵守预期的规则,能量是完全守恒的。

到1925年春季,玻尔承认BKS理论破产了。斯莱特后来说,终其一生,他都为自己的想法这样遭到损坏而感到痛苦,它被揉进了一个他并不真正赞同的理论之中。BKS理论的失败发生在克拉默斯关于康普顿散射的发现被强烈压制后。对于他而言,这似乎标志着他的雄心壮志的终结,他再也没有机会为物理学做出真正重大的贡献了。按照他的传记作者的说法,他陷入了一种轻度的抑郁中,因而更加削弱了他的科学想象力。

尽管如此,BKS理论仍然标志着一个转折点。它要么是试图把量子理论置于某种经典基础之上的最后一次尝试,要么是所有这类努力都注定不会成功的第一个证明,这取决于每个人对这一理论的解释。

回过头来看,BKS理论中最有影响力的部分是作为一种逃避困难的花招而进入论证的,这有点儿像普朗克最初提出的能量量子的建议——它就是那个界定模糊的虚拟振子。它是一种谈论一个原子如何发射和吸收光的手段,从而有意避免了任何有关原子中的电子的准确行为的讨论。

不久之后,克拉默斯进一步阐述了这一想法。他证明(用的是严格的数学方式,而不是把BKS理论概念化),振子的图像绝不仅仅是一个方便的托词。他还证明,一个原子与任何频率的光的相互作用都可以根据一套合适的虚拟振子加以计算。所有必需的物理学都已经存在。

104

但是,这是否意味着过去关于电子轨道的想象可以完全被遗弃了呢？克拉默斯显然不这样认为。他相信,虚拟振子只不过是一个临时的替代而已,真正的主角是一种基本的原子模型的细节,这种模型将或多或少地遵照传统的方针制定。

其他人的观点与此相反。泡利在给玻尔的信中提出一个关键问题:“对于我来说,最重要的问题似乎是,我们可以在何种程度上谈论所有确定的电子轨道……我的观点是,在这一点上,海森堡恰恰采取了正确的立场,他怀疑谈论确定的轨道的可能性。但到现在为止,克拉默斯都从未对我承认,这种怀疑是有道理的。”[13]

看到克拉默斯的虚拟振子理论之后,海森堡确实很快便洞悉了它的革命性含义,并迅速下定决心,要打断这一想法与传统的铆接。他将这一大胆的概念创新转化成一个全新的原子理论——事实上,是一个全新的物理学理论。

第九章　有什么事情发生了

105

1923 年春，当索末菲从麦迪逊回来的时候，海森堡也回到慕尼黑大学完成他的博士学位。为了这个目的，他已经做了一项数学流体力学方面的课题。这一课题与量子理论无关，但他一直在进行。他的博士毕业考试仍然是一场搏斗。由于他必须展现出自己已经对物理学有全面掌握，不管是理论方面还是实验方面，海森堡满腹牢骚地注册了一门实验课程，在慕尼黑大学实验物理学教授威廉·维恩（Wilhelm Wien）的指导下学习。维恩是一位杰出的研究人员，他对电磁辐射光谱的仔细测量对普朗克 1900 年引入量子假说至关重要。但维恩脾气乖戾，在科学上跟在政治上一样保守。他对普朗克的创新持怀疑态度，并公开表示他厌恶同事索末菲创造的量子理论。

106

因此，维恩自然对索末菲的最后一位神童表现出了某种敌意，而这位年轻人对实验掩饰不住的厌恶，让情况变得更糟。在那年7月的口试上，维恩接连提出一系列有关他的实验的问题，这些问题海森堡本来应该很容易回答，但因为他自己的疏忽和无所谓的态度，情况不如人意。[1]维恩想知道一种光学仪器的分辨能力，海森堡不记得教科书上的公式，试图当场进行推导，结果弄错了。维恩对此大为光火。只是在索末菲与他进行了紧张的谈判之后，维恩才不情愿地表示，海森堡表现出他充分掌握了范围广泛的物理学知识。这位青年天才拿到了博士学位，但分数勉强及格。

这个分数让海森堡感到了片刻尴尬，不过他很快便前往哥廷根确认他先前提出且已获批的计划——去哥根廷工作一年——是否仍被玻恩接受。在得知计划仍可照常执行之后，海森堡立即与觅路人组织的同道们一起前往芬兰，在北欧的湖泊和森林中重新振奋精神。9月，他来到哥廷根，急切地把他的读博生活以及对实验物理假装出来的一切兴趣抛诸脑后，投身于一系列复杂的谜题。正是这些问题让量子理论无法前进。

海森堡正在搜集线索。第二年3月，他到哥本哈根进行短期访问，这是他有生以来第一次。他发现玻尔和克拉默斯还对BKS理论抱有高度的热情。尽管他对整个理论还有些怀疑，但这一简略理论中的一个部分却在他头脑中扎了根，这就是虚拟振子的设想。在当时，甚至都没有一个勉强合理的理论来解释原子中的电子的表现。因此，这看上去似乎是一个有独创性的策略，或者不仅仅是一个把所有那些有关电子轨道的令人生厌的具体担心都放到一边的策略，而是把原子视为一个振子集合，

107

这些振子的频率全都与恰当的光谱频率吻合。

没有人能用详细的物理学术语说出这些振子应该是什么，但这刚好是其要点之所在。振子是用来捕捉实验观察到的原子的特征，而不是它们的内部结构的。或许正如玻尔在一段时间里神秘地暗示的那样，这一点不是用传统方式建立起来的模型所能检验的。物理学家从这些振子的角度出发，让自己获得了一些喘息的余地。

在此期间，远在哥廷根的玻恩正在酝酿自己的计划。他发表了一篇论文，提出建立一个“量子力学”的新体系，这是这一术语的第一次出现。[2]在这里，他指的是建立一个量子规则的体系，这些规则遵守自身逻辑，而不必遵守久经考验的牛顿经典力学的规定。玻恩认为，粗略的假说和 BKS 式的泛泛类比没有什么作用。他依靠数学为他指路，而且他的头脑中有了一个详细的计划。

经典物理学的语言是处理连续变化和增值变化的微分学，它是由牛顿和莱布尼茨各自独立提出的。但在试图理解原子遵循的规律的过程中，物理学家与陡然发生的、自发的、不连续的现象狭路相逢。处于一种状态的原子会在突然之间处于另一种状态，这两种状态之间不存在连续变化的光滑轨迹。传统的微积分无法处理这种不连续现象。因此，玻恩爽快地采取了在这种情况下必须采取的措施，提出在此使用差分法替代。这是一种数学体系，它把状态之间的不同点，而不是这些状态本身作为自己的基本元素。

海森堡能够看出,这种方法与克拉默斯使用虚拟振子所做108的研究之间具有某种联系。这两种方法都把不同状态之间的跃迁推到了舞台中央,而暂时不去考虑潜在的原子状态。消化了这些想法之后,海森堡提出了一个独具匠心的论证,这一论证为他和朗德在前一段时间以经验方法预言的半整数量子公式提供了理论支持。这是具有不确定意义的一小步,但或许是朝正确方向迈出的第一步。

接下来的一段时间相对平静。1924 年夏季,海森堡又与觅路人同伴一起出发了,这次是去巴伐利亚。在经历了建立自己的研究所,并对其进行管理的多年艰辛之后,玻尔感到很疲乏,于是整个夏季都在瑞士的阿尔卑斯山或者他位于哥本哈根郊外的小别墅里放松。并非懒人的卢瑟福称赞玻尔有勇气休长假。[3]在 1924 年余下的时间以及 1925 年的一段时间内,量子力学一直在蛰伏。

爱因斯坦曾经告诉玻恩,他宁愿做个修鞋匠,也不愿意从事玻尔、克拉默斯和斯莱特贩卖的那种物理学。他并不是唯一威胁着要放弃自己职业的物理学大师。1925 年 5 月,泡利在给一位同事的信中抱怨道:“当前物理学又一次陷入了非常混乱的境地,无论如何,这对于我来说都实在太困难了。我真希望自己是个从来没有听说过物理学的喜剧电影演员或者这类人物。我现在只希望,玻尔能够用某个新想法来拯救我们。”[4](查理·卓别林的电影在当时的德国风靡一时。)

但是，对于当前急需的新观点可能来自何方这一问题，玻尔有他自己的想法。他对大约在那个时候访问哥本哈根的一位美国科学家说："现在，找到一条走出困境之路的一切希望都在海森堡手上。"[5]

1924 年 9 月，海森堡终于去了哥本哈根，并在那里逗留了好几个月。他选择在克拉默斯不在的时候到达。克拉默斯本就比海森堡年长 7 岁，举止和相貌则显得更老一些。他是唯一能让海森堡感到有些害怕的年轻一代物理学家。海森堡弹钢琴，克拉默斯演奏大提琴以及钢琴。海森堡费了好大的劲儿才掌握了丹麦语和英语，克拉默斯却能轻松说好几种语言。克拉默斯不仅知识渊博，还固执己见。泡利觉得克拉默斯非常有趣的地方，海森堡却觉得那透露出长辈的威严。海森堡多年后说，克拉默斯"在各方面都一直是个完美的绅士，他的绅士劲儿太过头了"[6]。这时人们几乎能听到他咬牙切齿的声音。

109

而且，克拉默斯还跟玻尔一起工作了好多年，与玻尔有一层令海森堡嫉妒的亲密关系。

海森堡在哥本哈根开始了一个研究项目，但很快就与玻尔和克拉默斯发生了争论。玻尔和克拉默斯仔细审查每一篇发自这个研究所的稿件，并给海森堡送上了他想拿去发表的论文的一长串不足之处。海森堡回忆道，他当时"完全震惊了……相当生气"[7]。他提出了反驳。在人际交往上他或许还很羞涩，但在捍卫自己的科学成果时他非常好斗、非常坚定。他驳回了他们的反对意见，并写了一篇玻尔同意拿去发表的论文，虽然也作了让人恼火的进一步修改。海森堡从这次经历中获得了自信。他还学到了一点:有时候,在一段时间内不把自己的想法公之于众或许是明智的。

在海森堡第一次前往哥本哈根之前不久,泡利给玻尔写过一封信,其中的一个段落值得在这里引用,因为它揭示了海森堡在科学上的特点。

> 事情到了他那里就会有所不同。当我考虑他的想法的时候,我觉得那些想法一塌糊涂,就在心里狂骂那些想法。他相当缺乏哲学头脑,工作的时候不注意找出清楚的原理,也不把它们与已有的理论联系起来。但与他谈话时我很喜欢他,而且我能够看出,他掌握了各种新论据,至少他心里已经有所考虑。因此那时我便意识到,他不但为人相当不错,而且在科学方面也是相当杰出的,甚至是个天才。而且我认为,他真的可能会推动科学再次向前发展……衷心希望你与他能够一起让原子理论向前迈进一大步……也衷心希望海森堡回来的时候,能在思维中带上哲学态度。[8]

110

这一点海森堡基本上做到了,尽管不是完全做到。在他与克拉默斯短暂而又有些尴尬的合作中,海森堡越来越强烈地关注一个原子就是一套经过调制的振子这一设想。他关于一种原子理论应该做些什么的观点迅速得到发展。索末菲式的模型——电子遵循受经典力学支配的轨道运行——已经一去不复返了。当然,海森堡还没有建立任何东西来代替这种想法。但他的关注点正在不可阻挡地转变。不必对原子是什么考虑那么多。多考虑一下它们做什么。

但是,一个不同的角度只有在它能导致真正的理论时才有帮助。海森堡必须找到某种方法,让他发展中的思想形成逻辑构型。再次回到哥廷根之后,他反复思考这个问题,通过转向过去找到了一个向前迈进的方法。他跳动的思维现在抓住的是已经有一百年历史的傅里叶级数(Fourier series)这一数学方法。

在小提琴弦振动这一传统但很切题的例子中,弦的任何振动——无论多么刺耳或者不和谐——都等于弦的纯音的加权组合,即其基音与泛音(fundamental and harmonics)的加权组合。海森堡已经把一个原子想象为一组振子了。现在,他想到的是进一步推进这一想象,让它得出最完整的结论。他在三十年后的一次演讲中说:"这一想法自己浮现出来了,即在人们写下力学定律的时候,他们不应该将其写成电子的位置与速度的方程,而应该将其写成它们的傅里叶展开式的频率与振幅的方程。"[9]

111

海森堡的乏味语言并没有准确传达出他准备做的事情的极端而离奇的本质。在经典物理学中,一个粒子的位置和速度是它们的本质特征,是力学定律应用的基本元素。然而,海森堡现在提出,让仍然是假设的振子的频率和强度成为一种新的算法的基本元素。于是,电子的位置和速度便成为次级元素,将通过振子的强度得到定义。这是一个革命性的逆转。从玻尔和索末菲开始,旧量子理论的核心想法是弄清电子在原子内是如何运动的,并由那些运动推导出原子的光谱频率。海森堡刚好把这个逻辑颠倒了过来。特征频率成为他的原子物理的基本元素,而电子的运动仅仅被间接地表达。

"这一想法自己浮现出来了",这是海森堡多年后说的。但这个想法只浮现在了他的脑海中,没有在别人的头脑中。海森堡在这里的飞跃让人们想到了爱因斯坦所做出的飞跃。当时爱因斯坦重新检查了看上去不言自明的时间和位置的概念,由此创立了相对论。对显而易见的事情提出明智的质疑,可能是天才的一个标志。

但天才也需要不屈不挠的精神。对于海森堡来说,以正式的数学方式写下用原子的基本振动的组合表达的电子的位置和速度的方程并非难事。但当他把这些组合表达式放入力学的标准方程中时,他搞得一团糟。单个数字变成了数字列表,简明的代数演变成许多页杂乱、重复的公式。在好几个星期里,海森堡尝试了各种计算,用傅里叶级数玩代数游戏。他劳而无功地折腾着,然后突患枯草热,脑袋成了一团糨糊,于是不得不停了下来。

112

6月7日,他坐上一辆前往德国北部海滨的夜班列车。第二天早上他停了下来,在一间旅馆里吃早饭。他的脸烧得又红又热,老板娘以为他遭到了别人的暴打——这种猜测在20世纪20年代中期的德国并不会让人觉得奇怪。然后,他登上一条渡船,来到离北海大约50英里的一座贫瘠小岛——黑尔戈兰岛(Helgoland)。黑尔戈兰岛在第一次世界大战期间是一处军事前哨阵地,但此时成了一处度假胜地,经常有寻找清新海风和想要远离人群的人士前来。

海森堡在那里住了一个半星期,他在岩石丛生的岸边攀援、休息,并阅读歌德的著作。他几乎不与任何人谈话,只是在思索,总是在思索。对于海森堡来说,避难所永远意味着回归自然,去山中、森林里和海边。他的头脑慢慢清醒了。在这种远离尘世的地方,他可以让自己沉浸在物理学之中。

让海森堡走进死胡同的并不是任何概念性的大问题,而是一个基本乘法问题。他把位置和速度从单个数字转变成了多个成分的和式。两个数字相乘会产生另一个数字。两份数字清单相乘的积变成了整整一页纸上的各种可能的项,由第一份清单中的每个数字乘以第二份清单中的每个数字得到。哪些项是重要的,如何把它们加起来才能形成一个有意义的积呢?

海森堡尽力将这些混乱变得有序,他通过集中注意力于物理学而不是数学找到了答案。他的代数元素是振动,每个振动都代表从一个状态向另一个状态的一个跃迁。他看到这样两个元素的乘积必定代表着一个双重跃迁,即先从第一个状态向第二个状态跃迁,然后从第二个状态向第三个状态跃迁。海森堡现在推导出,安排他的乘法表的方法是把对应于同样的初态与终态的元素放到一起,然后对所有可能的中间态求和。意识到这一点后(肯定是下了一番功夫才做到的),他便可以发明一种既容易操作又有道理的乘法法则了。

113

一天凌晨3点,海森堡躺在一家小客栈房间的床上,头脑清醒。他知道,他已经得到了能在他的新力学中进行计算的工具。例如,他可以写下用他的奇怪计算方法表达的某个系统的机械能的数学公式。不过这并不能保证他会得到一个有用的答案,这一精心设计的方法可能只会给出一堆乱码。

于是他从床上爬起来开始计算。在这种极度兴奋的状态下,他弄出了不知多少遗漏和错误,只好一次又一次从头开始。但最后他得到一个答案,这个答案比他梦想中的还要好。他满怀喜悦但又困惑地发现,这一奇怪的数学运算确实能给系统的能量提供一个一致的结果,但只有当这种能量是一个受到限制的数值集合中的一个值时才能得到。他的新的力学形式事实上是一个量子化的力学形式。

这很令人吃惊,但完全无法解释。在过去对原子的量子理论的所有尝试中,物理学家都必须在其中某个地方塞进普朗克原来的量子化规则或者它的某个近亲变种。海森堡没有做这样的事情。他为一个简单的力学系统写下了标准的方程,加入奇怪的关于位置和速度的复合表达式,并应用了他新奇的乘法规则,然后发现,改造后的数学运算只有在能量取某些值的时候才有效。

114 换言之,他的系统自行量子化了,不需要他的进一步提示。早在二十五年前,普朗克就看到辐射必须量子化,而现在海森堡以一种完全不同的方式发现,某个力学系统的能量必须也量子化。这既神奇又神秘。

兴高采烈的海森堡睡不着觉。他走到外面,在清晨的曙光中来到海边,在初升骄阳的金光中爬上一块岩石。他想,他刚刚的发现是上天的一份厚礼,是一个无来由且意想不到的发现。他躺在温暖阳光照耀下的岩石上,赞叹着那奇怪又优美的计算的一致性。据他后来回忆,当时他在心里对自己说:"好吧,有什么事情发生了。"[10]

但还是有一件事情让他感到不安——他的乘法规则是不可交换的。也就是说,x 乘以 y 并不一定等于 y 乘以 x。海森堡过去从来没有碰到过这种事情。但这是他需要面对的。这是新物理学的要求。

在返回哥廷根的路上,海森堡路过汉堡时激动地征求泡利的意见,泡利催促他快点儿把自己的想法写成文章。在随后几周给泡利的信中,海森堡抱怨事情进展缓慢,抱怨自己完全不清楚事情是如何发生的,但同时,他还是把最新的结果寄给了泡利。那是一套想法和结论,它们将成为他发展中的量子力学观点的支柱。到 7 月初,他已经写成了陈述他的发现的论文,他称之为"疯狂文稿"。[11]他给泡利寄去了一份抄件,热切盼望这位朋友给出评价,但同时也感到担心。他告诉泡利,在背离位置和速度的经典理念这一点上,他确信自己正走在正确的道路上,但他仍然不是很清楚,这些东西经过变换后形成的版本是不是正确的。他承认,文章中的这个部分似乎"生硬而且薄弱,但懂得更多的人或许能从中发现一些合理的东西"[12]。他恳求泡利在几天内就做出回答,因为"我必须要么完成它,要么烧掉它"。

115

在哥廷根,海森堡也给了玻恩一份抄件,说他信不过自己的判断,不知道这篇文章是否值得发表。玻恩读后立即兴奋起来,把文章寄给了《物理学杂志》(*Zeitschrift für Physik*)。对于玻恩敏锐的数学头脑来说,海森堡的奇怪算法虽然表达得比较笨拙,却让人觉得惊讶和兴奋,而且还有一抹乍看之下他也无法言明的启示性的曙光。几天后他向爱因斯坦传达了这个消息,提前通知他说:海森堡的工作"看上去尽管非常神秘,但显然是正确的、深刻的"[13]。

鉴于之前在哥本哈根的经历,海森堡一直等到8月底才通知玻尔这个消息。他写道:"克拉默斯或许已经告诉你了,我已经犯下罪行,写了一篇有关量子力学的文章。"[14]但他没有提供多少有关信息。海森堡从黑尔戈兰岛返回时,克拉默斯恰巧在哥廷根待了几天。他显然同海森堡有过交谈,但克拉默斯没有向玻尔传达有关他们谈话的任何消息。完全有可能的是,海森堡仍然对自己的想法不是很肯定,而且对克拉默斯抱有一定的戒心,因此他透露的信息太少,克拉默斯无法抓住要点。

海森堡以一个大胆的断言作为他论文的开始。他写道:"我做出了一种尝试,用以得到量子理论力学的基础,这种量子理论力学完全建立在原则上可以观察得到的数量关系的基础之上。"[15]可观察性是这种新力学未来的原则。忘记那些试图直接解释电子行为的尝试吧,以你能够看到的东西——原子的光谱学特征——来表达你想知道的东西。

116

尽管包含如此革命性的含义,海森堡的论文仍然只是一份令人好奇的抽象表述。它只是讨论了以正规的术语定义的简单力学系统。文章的任何地方都没有讨论实际上的原子和电子。这是量子力学的一个基础,而不是量子力学本身。这种新方法是否会导向真正的物理理论,人们将拭目以待。

几周后,泡利在给另一位物理学家的信中写道,海森堡的想法“给了我新的生活乐趣和希望……或许它还会继续向前发展”[16]。读了这篇短小的论文后,爱因斯坦的反应则非常不同。他立即写信给一位同事,说“海森堡下了一枚量子大蛋。哥廷根那伙人相信他的理论,但我不相信”[17]。

或许正如海森堡所说,他确实犯下了撰写量子力学论文的罪行。判决尚未到来。但无论如何,他很快就会发现,他并不是唯一的案犯。

第十章　旧体系的灵魂

117

1924 年 11 月，巴黎大学科学部的教员们聚到一起，聆听一位博士学位申请者的论文答辩。学位申请者是 32 岁的路易 · 德布罗意(Louis de Broglie)。首先是因为家庭传统，然后是因为战争，他未能尽早开始自己的科学生涯。多少世代以来，德布罗意家族不断有人成为法国的政治家、政客和高级军官。路易的父亲是国会议员，路易本人在索邦大学学习历史，将来有望成为外交家。他有一个比他年长不少的哥哥莫里斯(Maurice)。莫里斯受到 19 世纪 90 年代的 X 射线热的极大影响，决定违背父亲和祖父的意愿，投身科学。莫里斯给弟弟路易灌输了大量有关辐射和电子的有趣故事，路易后来也转而学习科学。

118

战争期间，德布罗意在一支流动无线电报支队服役，亲身了解到经典电磁波理论的实用价值。从哥哥那里，他听说了关于光量子理念的争论。他不是唯一意识到这两种光理论似乎不一致的科学家,但他从一个没有人想过的角度对这一问题发起了进攻。

在 1923 年较晚的时候,他突然有了一个基本的想法。如果以爱因斯坦的量子形式存在的光,至少在理论上能像一束粒子那样行动,那么,粒子是不是也可以表现出一些波的性质呢?

德布罗意把普朗克的辐射量子化规则与爱因斯坦有关运动物体的著名公式 $E = mc^2$ 结合起来,拼凑出一种作为权宜之计但极有创见的论证,建立起一个逻辑上自洽的理论,让一切运动粒子都能与某个波长取得联系。粒子的运动速度越快,波长便越短。

但是,这个公式是否超出了纯粹代数公式的范畴?其中所隐含的波长是否带有任何物理上的波的行为?德布罗意对量子理论并没有深刻的了解,因此并未受到这一理论的束缚,而是把自己的想法应用到已经落伍得毫无希望的玻尔原子论上,并得出一个让人震惊的结果。对于一个占据着最内层轨道、围绕着原子核旋转的电子,他计算出了一个正好等于这条轨道的周长的波长。对于在下一条能量较高、半径较大的轨道上运行的电子,他发现轨道的周长是电子的波长的 2 倍,而第三条轨道的周长是电子波长的 3 倍……以此类推,形成了一个简单的数列。

正如小提琴弦发出的基音和泛音对应于一些振动,它们之间的整数倍的波长符合弦的长度一样,玻尔原子的允许轨道就是电子的那些整数波长与轨道周长相符的轨道。或许量子化并不比振动弦物理更为神秘。

119

德布罗意在 1923 年年底发表的两篇论文中公布了他的想法，不过当时并没有多少人关注这两篇文章。一年后，他在自己的博士论文答辩中呈上了更为完整的版本，但聆听者反应谨慎。他的考官觉得电子波的概念过分简化，也过分奇异。他们不认可他的代数，但这些代数是否具有某种物理意义，这一点他们也无法确定。尽管如此，一位考官把德布罗意论文的一份抄本寄给了爱因斯坦。爱因斯坦喜欢具有重要含义的简单想法。他的结论毫不含糊。他评论道：迷雾已经开始消散了。[1]

但没有几个人特别关注这一点。

德布罗意生于 1892 年，比海森堡、泡利和其他那些正在哥廷根或别的地方创造“男孩物理学”的青年探险者年长十多岁。欧文·薛定谔（Erwin Schrödinger）的年龄更大，他 1887 年生在维也纳一个富有但名声不算太好的家庭，这个家庭具有英格兰和奥地利血统。欧文是家中独子，在维也纳市中心的一个豪华公寓中长大。薛定谔一家几乎没有什么音乐品位，但对 19 世纪晚期维也纳的低俗色情剧抱有热情。欧文是由女人带大的——他有一位脆弱的母亲和两个姨妈。甚至还在文科重点中学的时候，他自信、迷人和品行略带缺陷的举止，就跟他超群的智力一样让他脱颖而出。

薛定谔 1906 年秋季注册入读维也纳大学，时值玻尔兹曼自杀身亡之后数周。后来，他也在战争期间入伍参战，还赢得一枚勋章。对他影响最大的老师弗利茨·哈泽内尔（Fritz Hasenöhrl）

120 死于这场战争。哈泽内尔的去世是几年后泡利离乡前往慕尼黑大学求学的主要原因之一。在二十几岁享受了几次恋爱的迷醉之后,薛定谔于1920年成婚,他的妻子是一个崇拜他、照顾他的女性。他逐渐变得很依恋她,把她当作抚养他长大的那几位女性的替代者,但他不认为婚姻应该阻止他的天性。他最终与另外三个女人生了三个孩子,但与妻子没有孩子。

薛定谔1921年在苏黎世获得一个舒服的职位,那里的生活比战后的维也纳要容易得多。到了这个时候,他已经就电子理论、固体的原子性质、宇宙射线、扩散和布朗运动以及广义相对论发表了文章。这些文章全都得到了很好的评价,但没有哪篇文章特别引人注目。尽管薛定谔的工作专注于当代的问题,但他有时也是一位传统主义者。他发现玻尔-索末菲原子论中有关电子陡然从一条轨道跃迁到另一条轨道的想法令人厌恶。他觉得这种不连续性并不属于物理学,因为正如爱因斯坦抱怨的那样,由于某种无法认清的原因,在事情是否会发生这个问题上,它带有某种程度的不可预测性。

当德布罗意将原子轨道解释为驻波(standing waves)的消息传出去之后,薛定谔意识到,他一两年前发表的一个理论似乎也暗示了同一件事,尽管是以一种模糊得多的方式。在这个问题上,德布罗意只是一个理论上的半吊子,而薛定谔对有关的数学技巧有着高超的驾驭能力。他借用了德布罗意的直觉图像,其中包含的想法有可能形成一种真正的理论。

1925年年中,当海森堡正在北海怪石嶙峋的海岛上发明他的奇特新算法的时候，薛定谔正在写作一篇扩展德布罗意电子波的论文，他在文章中顺便抛弃了粒子完全不是真正的粒子的说法，（如他所说）是一种潜在的波场的“白色浪花”。[2]这种说法符合薛定谔关于物理世界的观点。一旦人们接受了作为能量的分立单元的粒子的存在，便无法避免非连续性、自发性和所有与之相关的问题。但是，如果我们想象中的粒子实际上只是潜在的波和场的肤浅表象，那么或许就可以重新确立连续性。

121

就在薛定谔不断赞扬德布罗意的波的神奇性时，一位对此持怀疑态度的苏黎世同事向他发出了挑战。他的论证是，如果这些是未来的波，那么这些波的波动方程在哪里呢？德布罗意的论证仅仅是在一个以某种速度运动的电子身上附加了一个波长而已。它完全没有说这些波是什么，它们如何形成，如果它们有物理意义的话又是些什么。对于所有可接受的经典波动——电磁波、海波、声波——来说，都存在着一个数学方程，可以将振荡的事物与使之振荡的力或感应联系起来。但德布罗意的波不存在这样的方程。从这种意义上说，它们不是实际存在的波，而只是波动的一种无实体、抽象的想法而已。

1925 年圣诞节假期，薛定谔离开妻子，与一名情妇到瑞士达沃斯附近的旅游胜地过了几天销魂的日子。这名情妇的名字早已淹没在历史长河中了。如同一位物理学家后来描述的那样，这是“他生命中迟来的情欲迸发”[3]。但就在这期间，已经年近四十的薛定谔发现了他正在寻找的东西：以正规的方式抓住了德布罗意直觉的波动方程。（事实上，这只是薛定谔生命中多次情欲迸发中的一次，尽管只有这一次产生了伟大的物理学成果。）

薛定谔方程描述了一个由数学算子支配的场，这个场体现了一种能量函数。这个方程应用于一个原子时，会以静态场图案的形式产生有限数量的解，其中每一个都代表着带有固定能量的原子的一个状态。量子化以一种看上去令人高兴的经典方式出现了。为了得到原子状态的表达式，薛定谔规定，按照数学家所说的，方程的解在距离原子很远的时候应该为零，否则它不会对应于一个空间中的物体。根据这种条件，他的方程只能给出一套确定的稳定构型，其中每个构型都带有某种分离数量的能量。他认为，这次的情况不会比计算两端固定的小提琴弦的一组确定的振动更加神秘。

122

甚至比这更好的是，薛定谔在 1926 年发表的几篇论文中的一篇暗示，现在或许有可能理解一个量子跳跃：从一个状态向另一个状态的跃迁；它们不再是一种陡然的不连续的改变，而是一个驻波图案向另一个驻波图案的流畅转换，波动重新迅速但平滑地配置自己。

经典物理的老卫道士大喜过望。爱因斯坦热情洋溢地致信薛定谔，甚至在薛定谔来信的边缘空白处潦草地写道："你论文中的概念表现出了真正的天才。"他和普朗克很快便邀请薛定谔前来柏林。爱因斯坦再次写信告诉薛定谔："我确信你已经迈出了决定性的一步……同时，我还确信，海森堡 - 玻尔的方法正在走向错误的方向。"[4]突然间，经典秩序似乎被重新确立了。

反之，被爱因斯坦称为海森堡－玻尔方法的模式却是一个奇异的、纠结的、令人生畏的数学系统，它因为海森堡在黑尔戈兰岛上获得的启示而迅速发展起来。7 月 19 日，马克斯·玻恩还在思考海森堡的奇怪演算唤起的令人熟悉的微光。这一天，他踏上一列前往汉诺威的火车，参加德国物理学会的一次会议。他坐在车厢中阅读，胡乱涂写，突然间豁然开朗：海森堡灵光乍现所做的运算属于数学中的一个神秘难解的分支，它的名字叫矩阵代数。玻恩还记得，多年前，当他还抱着成为纯数学家的理想的时候，曾学过这门学科的某些知识。直到现在，他都没有见过它的任何实际应用。

123

一个矩阵是一个数字的阵列，这些数字排列成不同的行和列。矩阵代数是一套以系统方式组合和操作矩阵的算术规则。玻恩现在看出，海森堡的计算元素同样可以用正方形的阵列的方式写出，阵列中的每一个位置都标示了从一种状态向另一种状态的跃迁。关键之处在于，海森堡辛辛苦苦发明的乘法规则正是已经为某个特定分支的数学家所知的乘法规则。当然，海森堡还完全不知道这一点，是他对物理学的敏锐洞察力引导他得到了他需要的答案。

玻恩现在意识到，一个完整的数学分支已经存在，已经准备好为量子力学所用。在某个时刻，从汉堡赶来的泡利坐上了同一列火车，与玻恩不期而遇。玻恩正为他的发现振奋不已，急切地想要解释他现在弄明白了的东西。泡利不仅无动于衷，反而对他冷嘲热讽。玻恩还记得，泡利当时这样说：“我知道你喜欢冗长、复杂的形式体系，但你那无用的数学只会糟蹋海森堡的物理学观点。”[5]人们就以这样的形式欢迎这个很快被称为矩阵力学的学科的问世。

但玻恩并没有因为他过去的学生的讥讽知难而退。回到哥廷根之后，他和他的新助手帕斯夸尔·约尔当(Pascual Jordan)一起用矩阵代数的规范语言完整描述了海森堡的系统。然后，在到剑桥大学讲学以及与他的觅路人组织的兄弟们做了一次恢复健康的远足之后，海森堡回到哥廷根加入了玻恩和约尔当，三人一起准备后世称为“三人论文”的文章。这篇论文进一步完善并扩展了矩阵力学。尽管海森堡为他的物理直觉成功指引了他的工作而感到高兴，但他也抱有一丝与他的朋友类似的怀疑。他不喜欢“矩阵力学”这个名字，因为它带有过分强烈的纯数学味道，还会让大部分物理学家感到不熟悉和反感。

124

这为一场暂时没有发作的争吵埋下了伏笔。终其一生，玻恩都认为，他和约尔当对量子力学的贡献被低估甚至被抹杀了，并对此深怀怨恨。他承认海森堡在不知道矩阵代数的情况下就把它找了出来，“真的是聪明极了”[6]，但同时，他似乎并没有认识到海森堡这一概念突破的重要性。他相信，只有当他和约尔当用必要的数学严格性使海森堡的想法具体化之后，这个想法才真正可以被称为一种理论。这是玻恩的典型特征。他不是一位在物理学上具有深刻洞察力的人，因此无法领会其他人所具有的科学直觉的强大威力。说海森堡“聪明极了”，这似乎暗示他认为这位年轻同事是一个被思维的闪电击中的白痴学者。

总而言之，矩阵力学并没有受到物理学界的狂热欢迎。首先他们必须学习这种新的数学分支，而且在掌握之后，还要费尽心思从物理学的角度去理解矩阵代表着什么。披着矩阵代数外衣出现的量子力学复杂得可怕。同时，它看上去主要是一种形式上的成就。数学物理学家声称它在逻辑上无懈可击，而且它利落地抓住了扰乱量子理论的许多令人困惑的命题。这一切说起来都很美妙，但人们可以用它来做什么呢？

泡利仍然举棋不定。在玻恩－约尔当的论文发表后不久，他给一位同事写信说："最紧急的任务是拯救海森堡的力学，使它不至于被正式的'哥廷根学者气质'进一步溺死，以更清楚地揭示其物理本质。"[7]面对泡利的苛刻态度，海森堡一度失去了冷静，他在给泡利的一封信中生气地写道："你对哥本哈根和哥廷根没完没了的抱怨简直就是一大耻辱。你肯定承认我们不是在故意摧毁物理学。如果你抱怨我们是些大蠢驴，因为我们还没有整出任何具有崭新物理意义的东西，那么你或许说得有点儿道理。但你同样是一头蠢驴，因为你也没有做出什么像样的成果。"[8]

被刺痛了的泡利投入工作，并在一个月之内成功地运用精练的矩阵力学方法推导出氢原子的巴尔末线系，即玻尔多年前做出的第一个简单模型。泡利的计算是一份精心的杰作，是矩阵力学并不只是一份数学形式主义作品的有力证明，很有说服力。态度缓和的海森堡现在写道："我几乎不必告诉你，新的氢原子理论让我多么激动，而你这么快就完成了这项工作又让我何等吃惊。”[9]

另一方面,泡利的证明可不像在公园里散步那么简单。极度复杂的数学还是让大多数物理学家望而却步。如果人们无法弄懂其中的推理,那么所谓矩阵力学是深刻智力的结晶这种断言便毫无意义。

1925 年 11 月,剑桥大学的一位青年物理学家保罗·狄拉克(Paul Dirac)发表了一篇简练的论文,这让事情变得更加混乱。看上去,海森堡最近访问剑桥时狄拉克没有与他见面,但读了他留下来的一篇论文。狄拉克消化了海森堡的观点,并且对量子力学进行了严格的数学化。他的结论与玻恩和约尔当得到的结果类似,但依据不同。狄拉克在经典力学的昏暗角落里找到了一个也遵守海森堡的乘法规则的微分算子。与矩阵相似的元素也出现在了狄拉克的计算方法中,但只是一种辅助方法。

126

显然,一切都丝丝入扣。然而,量子力学居然能够用两种不同但明显有联系的数学系统解释,这让人们深感困惑。自然,哥廷根大学的人喜欢矩阵,但在哥本哈根,狄拉克简练、(事实证明)更加广泛、有力的分析赢得了赞赏。

同时,在这几个特定圈子之外的物理学家想的是,有没有人能拿出一个让他们理解的量子力学版本。这正是薛定谔的波动方程在 1926 年初一出现便大受欢迎的原因。它没有怪异的代数,只有古典的微分方程。薛定谔本人也毫不掩饰他对矩阵力学的态度。他写道,他“被其中卓越的代数方法吓跑了,也可能是被驱逐了。我似乎觉得这些方法非常困难”[10]。

索末菲也看出了波动方程的优越性。他认为，矩阵力学“极为复杂，而且抽象得令人害怕。薛定谔现在前来解救我们了”[11]。

但薛定谔有着更为宏大的计划。他不仅想创建一种更容易些的量子力学，还想修复量子力学已经造成的破坏。薛定谔在1933年的诺贝尔奖获奖演说中说，他绞尽脑汁创立波动方程的时候，高于一切的考虑是要拯救力学的“旧体系的灵魂”。

127

薛定谔坚持认为，一个粒子不是一个微型台球，而是一些紧密聚在一起的波，它们造成了一个不连续物体的幻象。从根本上说，每件事物最后都能归结于波。存在着一个潜在的连续统，没有什么不连续，没有不连续的实体。并不存在量子的跳跃，取而代之的是从一个状态向另一个状态的平滑转变。

但这些都不是直接从薛定谔的方程中得出来的。这是薛定谔希望他的波动方程能够导出的结果。1926年7月，薛定谔在慕尼黑就他的量子力学的波动观点发表演说。海森堡当时也在场，他从哥本哈根前来有两个目的：其一是看望他的父母，其二便是亲耳聆听薛定谔的演讲。他赞扬波动力学的实用性，也欣赏它使简单的计算成为可能。但他不喜欢薛定谔更为广泛的断言，并从听众席上站起来，发表了几次反对意见。他问：如果物理学再次成为完全连续的，那么它将如何解释光电效应或者康普顿效应呢？这个时候，人们认为光是以不连续的、可辨认的小单元出现的，以上两个效应都是这一命题的直接实验证据。

威廉·维恩对这一提问做出了愤怒的回应，他显然对三年前海森堡在博士论文答辩上的糟糕表现记忆犹新。还未等薛定谔回答,维恩便跳了出来。海森堡回忆说:“量子力学结束了,那些量子跃迁之类的胡言乱语也随之结束了,他理解我的遗憾之情。而我所提出的所有困难在不久的将来都将被薛定谔一一解决。”[12]

索末菲听了薛定谔的演讲之后也开始有了怀疑。此后不久,他在给泡利的信中写道:“我的总体印象是,那个什么‘波动力学’虽然是个值得称赞的微观力学,但它距离解决根本的量子之谜还有很大的距离。”[13]

128

海森堡对波动力学的反对并不仅仅是学术上的,他还不赞成它的风格。在构筑矩阵力学背后的概念时,海森堡公开让原子跃迁的频率和强度这些可观测的元素扮演主角,而让单个电子无法检测的运动继续留在幕后。薛定谔的波动企图重建较早的观念。按照薛定谔的观点,粒子不过是潜在的波的表现形式,但当这些波成为基本元素的时候,粒子看上去就是无法直接检测的。波动力学让一个隐藏着的数值进入了理论的核心,而海森堡深信,这并不是构筑量子力学的正确途径。

海森堡认为,看似简洁的薛定谔的波动具有高度的误导性;如果物理学家认为薛定谔方程代表了一种经典价值的重新建立,那他们就是在愚弄自己。没过多久,这一怀疑便得到了证实。

第十一章　我倾向于放弃决定论

129

哥廷根学派建立了矩阵力学。波动力学来自苏黎世。来自哥本哈根和剑桥的声音也在一旁帮腔。与此同时，高踞于柏林的奥林匹亚神山上的阿尔伯特·爱因斯坦和马克斯·普朗克也在俯瞰这一景象。再过几年爱因斯坦便年届五十了，普朗克甚至已近古稀之年。现在，他们两人本质上都成了保守派。只要看上去自相矛盾的量子力学的数学形式出现混乱，或者关于该理论的物理含义出现令人困惑之处，他们两人就坚信某种精神上更接近传统思维的东西会出现。

出人意料地，人们轻而易举地迅速解决了这种混乱的一个方面。1926 年春季，薛定谔发现波动力学与矩阵力学其实完全没有本质上的差别。尽管它们看上去互相矛盾，实际上是用差别极大的数学方法描述的同一种理论。一言以蔽之，薛定谔的波动能计算服从矩阵代数规则的数字，而应用于合适的数值的

130

矩阵代数可以产生薛定谔的方程。薛定谔并非唯一一个发现这一非凡的等价关系的人。泡利在给约尔当的一封信中也提出了证明，尽管这一证明显然并没有达到他认为足以发表的严格标准。而且没过多久，一位名叫卡尔·艾卡特（Carl Eckart）的德裔美国理论工作者在《物理学评论》上发表了一篇文章，文中提到了这一论证。艾卡特来自加州理工学院（California Institute of Technology），这所学院虽说刚创办不久，但很有潜力。

但是这些对两种量子力学的数学等价性的证明，使理解这一点变得更加困难：如此不同的两幅物理学肖像居然来自同一本源。物理学家还是觉得，薛定谔的波动让人觉得更亲切，而矩阵力学则由于其高深莫测让他们觉得较为疏远。是否存在某种谈论物理学的最佳方法？或者归结起来只是喜好和方便的问题？

爱因斯坦和普朗克热切希望他们能跟得上这出戏剧的最新进展，因此邀请各位主要演员来到柏林。海森堡第一个来到这座被他称为“德国物理学的首要大本营”[1]的城市，尽管他肯定知道，在量子力学方面，首都落伍于其他地方。海森堡似乎没有将自己向柏林的著名教授们发表的演讲过多地放在心上，他印象更加深刻的是他与爱因斯坦的第一次深刻交流。他原本希望四年前能在莱比锡见到这位伟人，但爱因斯坦在德国外交部部长拉特瑙遇刺后没有前往与会，而海森堡在被盗后也仓皇逃离。

131 当时的海森堡不过是个 21 岁的毛头小伙子，还有些羞涩，而且正与他的半整数量子问题死缠蛮斗。四年过去了，爱因斯坦还是那个爱因斯坦，还稳健地走在他的道路上，即将成为公众传说中头发蓬松、不修边幅的知名人士。但海森堡早已不是当年那位青涩少年了。他在与索末菲、泡利和玻尔的争论中泰然自若，已经找到了打开量子力学大门的钥匙。看上去，他仍然是那个轮廓分明、毫不装腔拿调的人。玻尔在哥廷根第一次见到海森堡时说他看上去像个农村孩子，在哥本哈根也有人说他像个木匠学徒。[2]但他的自信已经大为增强。在量子力学问题上，他是专家，爱因斯坦是评论员。

海森堡发表演讲后，他们两人沿着街道步行，前往爱因斯坦的住处，一路上反复争论。[3]爱因斯坦尖锐地反对矩阵力学的晦涩含糊，反对它把位置和速度置于次要地位，把神秘的、人们不熟悉的、深奥费解的数学量带到前台的做法。海森堡提出了抗议：这些奇怪的进展是强加给他的，因为他正试图建立一种理论，这种理论关乎物理学家能够真正观察到的原子的性质，而不是它未知的以及或许不可知的内部动态。海森堡问：无论怎么说，难道这本质上不正是爱因斯坦多年前使用过的策略吗？当时他不正是用这样的方法取得了狭义相对论这样令人惊诧的辉煌成功的吗？

对此，爱因斯坦只能在海森堡讲述这个故事的时候嘟囔几句作为回答：“或许我确实使用过那类推理……但它毕竟是胡言乱语。”[4]

在提出相对论的时候，爱因斯坦重新定义了空间和时间。他的出发点是对同时性进行深入探究。在牛顿力学中，时间是绝对的。如果两个事件在不同的地点同时发生,那么它们的同时性就是一项客观存在,是一项无可辩驳的事实。但爱因斯坦具有超人的智慧,能够提出这两个事件的观察者如何知道它们同时发生这样一个问题。就像战争片中的人物通常会说的那样,他们必须校准他们的手表,使之同步。这就意味着交换信号——通过闪光或无线电交谈。但这些信号最多以光速运行。爱因斯坦一丝不苟地考察了不同的观察者在现实中如何确定事件发生的时间和地点,并以此证明,一般来说,他们对同时性会有不同的见解。在一个观察者眼中同时发生的事件在另一个观察者眼中将有先后之别。

132

海森堡坚持说,与此类似,人们想象自己能以一种绝对的上帝视角深入一个原子的内部进行观察,这不是一个好的想法。你只能用不同方式观察原子行为,比如,它是如何吸收和发射光的,据此尽可能推断原子内部的情况。

爱因斯坦不肯接受这一点。在相对论中,尽管观察者可能意见不同,事件还是具有清楚且无可争辩的物理性。对于他们都看到的事件,一批观察者可以通过比较他们的记录得到一个共识,因为狭义相对论能够解释他们各自的描述的差异。一种潜在的客观性始终存在。

按照爱因斯坦的观点,这一点和量子力学的情况大不相同。他认为,海森堡似乎说的是,连对原子的结构和行为做一种一致的描述都是愚蠢的。所以在爱因斯坦看来,矩阵力学似乎特别霸道地判定电子的排列这类问题违规,而物理学家一直认为自己有权提出这些问题。而且,爱因斯坦坚信,物理学家完全有权继续这样提问。

海森堡立即进行了反驳。相对论曾是一个有争议的理论,因为它破坏了物理学家一直持有的对空间和时间的旧观念,并强迫他们提出新问题。但这一点并不意味着空间和时间变成了毫无意义的东西。他和他的同事正尝试对原子做同样的事情,即找出应该提出的正确的问题。旧的知识将被抛弃,新的知识将取代它们的位置。

尽管如此,他也不得不承认,他还没有完全解决这一切。量子力学还是一门仍在发展中的学科。争论的声音逐渐减弱了,他们谁也没有说服谁。

相比之下,薛定谔的波动力学似乎让爱因斯坦看到了希望。一个原子内的电子的驻波图像带有一种可以触摸的感觉。在与海森堡会见后不久,爱因斯坦写信告诉索末菲:“在最近进行的对量子定律加以构型的尝试中,我最喜欢的是薛定谔的方法……虽然我不能不赞赏海森堡-狄拉克的理论,但我认为,在这些理论中,我嗅不到真实的气味。”[5]

此时,薛定谔也对柏林进行了访问。爱因斯坦发现他最令人感到亲切。薛定谔是维也纳人,很有教养,热情洋溢,而且富有经验。两人都是已婚者,因为他们喜欢有人照顾自己,但都发现自己的兴趣点在别的地方,而且确信他们的妻子对此甘之如饴。尽管爱因斯坦已经在柏林待了许多年,他却从未发现自己与那些“冷漠孤傲的金发普鲁士人”有共同语言。[6]海森堡生于德国南部,应该是巴伐利亚人,但他的家庭文化和习惯却具有北方特色。他注重礼节,举止礼貌,这一点给爱因斯坦一种僵化和拘谨的印象。与此相反,薛定谔是一个爱因斯坦觉得可以与之自然相处的人。

但意气相投并没有让爱因斯坦忽视薛定谔的物理学报负具有的缺陷。薛定谔在柏林的演讲中详述了他的希望,认为事实将证明,他的方程所描绘的波将成为电子和其他实体的直接的物理图像。爱因斯坦对此表示赞赏,但也有一些怀疑。薛定谔清楚表达的只是一个希望,而不是一个可以证明的论点。爱因斯坦可以轻易看出,这可能只不过是个满怀希望的想法。

134

海森堡的评论更加不留情面。他在给泡利的信中提到了薛定谔的物理学:"我越是考虑这个理论,就越觉得反胃……我认为这简直就是垃圾……还是让我们饶了这个异端邪说吧,别再提它了。"[7]

薛定谔发表了一份简短的论证来支持自己的解释。他证明,与在真空中飞行的粒子相对应的波形将无限地保持下去。薛定谔争辩道:这种物理完整性让叠加在一起的波变成了传统粒子的一个可以接受的替代品。

但这一结果只是一个特例,而不是普遍规律。马克斯·玻恩运用波动力学考虑了一个更为复杂的情况——两个粒子之间的碰撞。结果,他得到了一个非常不同的结论。他发现,在碰撞之后,与反弹的粒子对应的波就像池塘中的涟漪一样扩散开来。而根据薛定谔的解释,这意味着,粒子本身在各个方向都被抹掉了。这完全不合理。对于一个粒子来说,哪怕它是一个浓缩的波动,最终也一定可以在经典的意义上被确认。用玻尔的话来说,这是对应原理的一个例子,即碰撞的量子描述随后变成了一个合理的经典描述。更根本地说,这只不过是个常识问题。粒子必须在某个地方,它不会在空间中均匀散开。一次碰撞的最后结果必定会形成两个不同的粒子,它们将沿着明确的方向运行。这就是在康普顿效应中出现的情况。

135

沿着这些思路,玻恩得到了一个很有说服力的结论。他提出,从上述碰撞地点离开的扩散波描述的并不是真正的粒子,而是它们出现的概率。换言之,波动强烈的方向就是反弹粒子更有可能出现的方向。而在波动较弱的地方则与此相反,是粒子出现的可能性较小的方向。

如果情况确实如此,那么薛定谔方程所定义的就不是经典的波,而是一种全新的东西。对于原子内部的一个电子来说,这种波代表的必定不会是某种真实扩散的质量或者电荷,而是在这里、那里或者其他任何地方找到电子的概率。

这种描述显得古怪,但与矩阵力学配合默契。海森堡定义了一个碰撞后反向运行的电子的位置,并将之表达为原子的电磁特征的综合。在某种意义上,海森堡把电子的实际存在视为电子可能发生的各种情况的结合,而不是对电子位置的特定说明。

玻恩认为波动力学是处理概率的手段,这一认识不仅厘清了薛定谔方程的意义,也使另外一种物理学观点变得更具体。

这种观点认为，波动力学与矩阵力学并不只有纯粹的数学关系。这一认识所付出的代价是以新形式出现的概率论对物理学的入侵。

然而，这个结论在进入量子物理学家封闭的小圈子时并没有受到人们的热烈欢迎。似乎没有人特别注意到玻恩的论证。他的结论没有迅速激起人们的注意，这也是玻恩此后多年感到怨恨的深层原因。其他物理学家在回顾往事的时候往往会说，136 他们当然知道薛定谔有关波的意义的想法是错误的，甚至还会说他们明白波就意味着概率。特别是海森堡，他说，于他而言，作为概率的矩阵元素的意义从一开始就非常清楚，尽管他没有费心在任何地方把它写下来。[8]有关量子力学的教科书往往会陈述概率的定义，但并没有声明其出处，好像这只不过是自然而然的一步，根本不值得进一步解释，就连那些在这一学科创建后不久就出版的教科书也如此。

另一方面，玻恩本人则在后来的一次采访中承认，或许他当时并没有看出他的结论具有何等重大的革命性意义。那个时候的物理学家都知道19世纪的统计物理，而且许多人也有过某种想法，即这种统计不确定性或许具有更为深刻的含义。其中的联系是由爱因斯坦第一个发掘出来的，即原子谱线的发射强度必定与一种跃迁相对于另一种跃迁的发生概率有关。令人感兴趣的建议也会不时出现，认为或许有一天有人会证明，能量守恒也只具有统计学上的真实性。正如玻恩指出的那样：“我们如此习惯于进行统计学方面的考虑，进行更深一层的思索似乎对我们并不重要。”[9]

然而，这一迟来的观点却被玻恩本人在 1926 年发表的一篇论文推翻了。他在这篇文章中指出，现在已经不可能说出一次碰撞的特定结果会是什么了，你只能指出一系列结果出现的概率。然后他写道：“在这里出现的是决定论的整个问题。在量子力学中，并不存在可以在个别情况下决定碰撞结果的某个数量……我个人倾向于在原子世界中放弃决定论。”[10]

决定论是经典物理的关键，是因果律的关键原理。玻恩现在把爱因斯坦最担心的事情付诸文字，后者多年来多次表达过这一担忧。在经典物理学中，任何事情的发生都有其原因。此前发生的事情导致了后来事情的发生，前事为后事的发生准备了条件，使后事发生不可避免。但很明显，在量子力学中，事情能够以这种或者那种方式发生，谁也说不出为什么。

137

如果说玻恩证明了他对他的发现的意义感到困惑，那么爱因斯坦显然不是如此。大约在 1926 年年底，爱因斯坦致信玻恩，信中使用了后来因为不断重复而变得著名的语句，尤其喜欢重复这些语句的是爱因斯坦本人。他如此喜欢这种措辞，以至于他在任何可能的场合都对其逐字重复使用。他对玻恩说：“量子力学非常壮观，但我内心的一个声音告诉我，它并不是真货（the real McCoy）。这一理论阐明了许多事实，但几乎不能让我们更加接近上帝的秘密。我本人确信：上帝不会掷骰子。”[11]如果概率论终将取代因果论，那么对于爱因斯坦而言，建构物理学理论的合理基础就会被毁灭。

但如往常一样，年轻一代的物理学家轻率地鄙视这种形而上学的担忧，迅速接受了认定薛定谔的波是某种程度的概率的思想。仍然是精神领袖的玻尔对此表示赞同。其他人则对概率论敬而远之，其中最引人注目的是发明了波动力学的两位人物——路易·德布罗意和薛定谔本人。在德布罗意早熟地洞悉了粒子必定具有波的性质后，他适时获得了1929年的诺贝尔奖，但此后再也没有对量子力学做出进一步的重要贡献。终其一生，他都坚持认为，概率解释是错误的。

与此类似，从这一刻起，薛定谔更多地成了量子力学的批评者而不是贡献者。1926年9月，薛定谔在海森堡接替克拉默斯成为玻尔的助手后不久访问了哥本哈根。据玻尔称，他想亲耳听听薛定谔的看法，以便更好地理解这些意见。结果，从薛定谔到来的那一刻起，玻尔便一直缠着他，让他解释自己的看法，并以自己标准的无情方式质疑这个访客。玻尔认为，这种风格是进行科学探询的自然习惯，但对于薛定谔来说，这就像是卡夫卡式的无可逃避的审讯。薛定谔非常疲惫，接着病倒在玻尔研究所的床上。玻尔夫人带来了茶和蛋糕，过分关怀地对他嘘寒问暖，而玻尔则没日没夜地靠在他的床头念叨着："不过薛定谔啊，你肯定至少会承认……"[12]

138

对于这种逼供式的思想交锋，海森堡只以平和的态度参与了一小部分。他回想起，薛定谔曾经满怀希望地提出，人们或许还是能够找到某种方式，不必引进量子概念便能得到普朗克1900年得出的有关电磁辐射的光谱公式。玻尔难得有一次明快有力的谈话,他告诉薛定谔:“但这种事是完全没有希望的。”薛定谔试图坚持下去。他告诉玻尔:“量子跃迁的整个想法会导致荒谬的结果。”他还说:“如果我们不得不继续研究这些倒霉的量子跃迁,我对我曾研究量子理论感到遗憾。”对此,玻尔用下面的话语让他的情绪平静了下来——“我们其他所有人都非常感激波动力学”,因为它既清晰又简洁。

但他们没有达成共识。海森堡回忆,后来薛定谔有些生气了,但他无法对玻尔那如和风细雨却没完没了的攻击给出解释。筋疲力尽的薛定谔回苏黎世了,但他的观点并未改变。

对量子力学感到不悦的爱因斯坦继续表达他的反对意见。快到1926年年底的时候,他写信给索末菲,说从薛定谔的方程得到的伟大学术成果可能会模糊更深层次的问题,即它是否真的会为所谓的“真实事件”——他坚持使用这个词——提供完整的图像。他不无伤感地问道:“难道我们真的更接近于这个谜团的解决了吗?”[13]

139

爱因斯坦越来越频繁地用暗示性的、让人捉摸不定的方式说话、写文章,后来大家都知道他有这种风格。对于某些话,其他物理学家已经觉得他们听得太多了,诸如上帝的秘密、不掷骰子的上帝、很微妙但不恶毒的主等。爱因斯坦的谈话方式让人觉得,好像只有他才知道自然的内在真理一样。出于这一原因,爱因斯坦的不悦无人能够解答。他反对物理学中存在概率论,却找不到驱除它的方法。而这一问题很快将变得更难解决。

第十二章　我们找不到对应的词

140

正当海森堡和薛定谔以及他们各自的同盟军和批评者排兵布阵，就他们正在创建的物理学的意义争论不休的时候，41 岁的玻尔还在继续扮演他作为指导者和大师的角色。不过，越来越多的物理学家开始质疑他的判断，并为他的含糊其词感到焦灼。从哥本哈根之旅中恢复过来的薛定谔向人承认了他与玻尔打交道时的沮丧心情。他在给朋友的信中写道："我们的谈话很快便转向哲学问题，然后我就再也弄不清楚，我坚持的立场是不是他正在攻击的立场，或者我正在攻击的是不是他正在辩护的立场。"[1]

9 月，保罗 · 狄拉克来哥本哈根进行六个月的学术交流。对于玻尔著名的模糊的演讲方式，狄拉克观察到，听众们"对此相当入迷"[2]，但他本人抱怨"玻尔的论证主要是定性的，我无法真正抓住这些论证后面的事实。我想要的是那些能够用方程表达

141

的陈述,玻尔的工作很少提供这种陈述”。

作为一个冷静、简单又孤独的人,狄拉克与爱交际的玻尔有着天壤之别。狄拉克身上那种著名的沉默寡言源于他的父亲——一位瑞士裔英国人。父亲过去坚持让他在餐桌上讲法语,如同狄拉克后来解释的那样:“由于我不能用法语表达我的意思,与其讲英语,不如根本不说话。于是那段时期我变得非常安静——很早之前就是这样了。”[3]不仅如此,他的父母显然没有朋友,从不出去交际或者游玩,也从不邀请别人到家里来,于是幼小的狄拉克也没有多少机会用英语闲谈。

狄拉克尊敬玻尔,但对他没有追星的感觉或者崇拜的意思。或许正是出于这个原因,玻尔觉得这个安静的高个子英国人出奇地值得人敬佩。当玻尔努力把广泛的哲学概念诉诸语言的时候,狄拉克很少说话,只是在弄清了每个细节之后才去寻找纯数学逻辑中简洁的明晰性,并用明确的方程表达出来,虽说表达的方式有点儿枯燥无味。尽管如此,狄拉克还是意识到,量子理论的完整且系统的数学表达并非这一理论的全部。正如他自己以干巴巴的方式所说的那样:“事实证明,得到真正的解释要比仅仅得到方程更困难。”[4]

狄拉克通常很乐意发挥自己的作用,并把解释工作留给他人去做。这种随和的态度不同于海森堡的作风。海森堡感到自己越来越无法与导师玻尔保持一致。他们两人经常陷入某个紧张、微妙的争执中,而且互不退让。一方面,量子力学毕竟是海森堡提出的,他当然认为自己对说明和使用量子力学的方式享

142

有所有权。另一方面，玻尔无法完全摆脱对海森堡的第一印象：一个有些稚嫩的科学思想家，想象力非凡，但时常刚愎自用，且过于冲动。狄拉克认为，在双方关系这个问题上，需要睿智，而谁又是那个睿智的人呢？

在哥本哈根，这两个人一天里有好几个小时待在一起。[5]玻尔总是以他那种不屈不挠、毫不松懈的方式说话，而活跃又激动的海森堡总是试图打断他的话。到了晚上，他们通常还会继续争论，但现在会绕着与研究室毗邻的令人愉悦的草地公园边走边谈。常常会有这样的情况发生：玻尔刚好发现了一处小小的需要澄清或者更正之处，他认为有必要及时告知海森堡，于是会在夜深人静时敲研究室阁楼房间的门，里面住着的当然是海森堡。这种对白天讨论所添加的脚注会延伸到下半夜，而且绝非稀有事件。玻尔不会遵循固定的时间表，要说的话必须马上就说。在经历好几个星期这样的冲突之后，两个人都对这类争论变得谨慎起来，对彼此的态度也变得谨慎起来。

在 1926 年年末那些没完没了的日子里，他们争论的东西以这样那样的形式出现，但究其根本不过是一个问题：连续性与中断的冲突。薛定谔当然想让一切都归结于波，认为离散的粒子及其变幻莫测的行为只不过是一种假想而已。海森堡和玻尔都同意，这种说法是注定要失败的。但海森堡热情洋溢地抛弃了旧路，想走向另一个极端，不惜一切代价接受最激进的想法。量子力学迫使物理学家用新的方式思考，学习一种新的语言。海森堡说：真遗憾，他们不得不习惯这一点。

143 但玻尔认为，这种态度是傲慢的，说得更严重点儿是浅薄的。正如他不断强调的，位置和速度以及经典力学的其他可靠元素并没有突然失去它们的效用。在原子之外的世界中，旧概念仍然十分有效。玻尔坚持认为，两者之间应该有某种连接。人们必须从量子世界的不连续和离散状态过渡到熟悉的经典世界的连续和平滑状态。

海森堡觉得玻尔的态度令人沮丧，几乎是有意为之，就好像沮丧是一种令人满意的状态，是一种值得称颂的理想。玻尔似乎想找到一种用经典的语言谈论量子力学的方式，但同时又毫无顾忌地承认这是做不到的，或者说，至少在不自相矛盾、保持自洽的情况下是做不到的。玻尔显然热衷于矛盾，这形成了他内心深处的苏格拉底式反诘法。

无论何时，只要海森堡声称他明白量子力学是怎样解释事物的，或者至少他确实能运用它，玻尔就会从中找到一个模糊之处，一个缺乏逻辑清晰性的地方。海森堡后来回忆："有时候我有这样一种印象，即玻尔真的想把我引入冰川，让我踏上容易滑倒的地方……我还记得，有时候我对此有些生气。"[6]但他还是有些伤感地承认，如果玻尔确实能指出一些微妙的问题，那就说明他们可能真的踏上了容易滑倒的冰川。

但这种思想交锋也只能进行到这种程度了。到 1927 年年初，玻尔和海森堡经常反复陈述各自的观点，以至于往往变成了自说自话，最后双方极度沮丧，谁也不能或者不愿意承认对方说的话。2 月，玻尔前往挪威，在那里滑雪度假。他本来计划与海森堡一起去,但现在觉得还是自己独自前往比较好。与此同时,海森堡则在薄暮中独自绕着公园散步,不必每走一步都得听玻尔在他身边唠叨。 144

但玻尔那令人烦恼的声音始终在他耳边萦绕不去。如果玻尔说的是正确的,即位置和速度在任何时刻都有意义,即使这种意义并非物理学家一直假定的那种传统的意义,那么它会是一种什么样的新意义呢?他如何才能理解它呢?

在他们迄今为止的争辩中,海森堡和玻尔都把这一点当成一个理论问题。经典力学适用于一套规律,而量子力学适用于另一套。但怎样才能调和这两套规律呢?用狄拉克的话来说,就是要倾听数学会说些什么,然后尽力去理解。事实上,狄拉克曾经提供了一个重要线索,但海森堡没有立即抓住其中的要害。

在哥本哈根时,狄拉克对他对量子力学的权威描述做了最后润色。在这一描述中,他展示了如何用一种具有完美普遍性的方法处理经典力学中的一些问题,并定义其量子等价物。这一方法也可以逆向使用。也就是说,他也可以证明——如果人们坚持的话,用经典的方式也可以描述某个量子体系。但他发现,在进行这种对译的时候会出现一个奇特的偏差。例如,从某个粒子的量子体系出发,人们可以建立一个经典图像。在这个图像中,人们既可以把粒子的位置作为第一性的元素,也可以选择将粒子的速度作为第一性的元素,还可以用速度和质量的乘积动量(对于物理学家来说这是更为基本的量)代替速度。但奇怪的是,在描述某个单一的潜在体系时,如果把位置图像和动量图像当成不同的描述手段造成的结果，那么这些图像就无法如人们预期的那样相互吻合。看上去，以位置为基础的描述与以动量为基础的描述似乎是两个不同的量子体系，而不是以不同的方式描述的同一个体系。

145

泡利也遭遇了同样尴尬的处境。他在给海森堡的信中提到过这件事。如果用 p 作为动量的标准表示，用邻近的 q 代表位置，则“你可以用你的 p 眼观察世界，也可以用你的 q 眼观察世界；但如果你想同时睁开两只眼睛观察世界，那么你就会发疯”[7]。

量子粒子不会以清楚的面目示人，它们会给出自相矛盾的图像。这就是海森堡奋力想要解开的谜团。他怎样才能找到一种强迫量子力学交出它的秘密的方法，从而让自己能够观察粒子的内部呢？

他无法做到这一点！一天晚上，当他正绕着公园漫步并沉迷于自己的思绪的时候，心灵深处的闪光突然爆发。他曾在黑尔戈兰岛上意识到，人们永远也无法以经典物理学中的连续语言来描述量子的跳跃；现在以同样的方式，他在自己的头脑中学到了另外一课，而且这一课的意义更为深刻。人们根本无法强行对量子系统做出一个完全符合经典方式的确切意义的描述。

好吧，确实如此，但难道这不正是他之前几个月里试图告诉玻尔的事情吗？唯一的差别在于，他现在开始看清了玻尔的观点。人们或许无法给出一份全然没有歧义的描述，但就像海森堡至今一直在思考的那样，这并不意味着你应该放弃尝试，或者掉头走开。你必须找到某种方法来讨论量子系统。

最后，海森堡终于能够抓住他和玻尔此前都没有理解的要点了。关键的问题并不是理论方面的，更不是像玻尔似乎认为的那样，是一个哲学问题。归根到底，这是一个实践问题。

146

人们或许无法用一种在旧规则下合理的方式讨论量子对象的位置和动量。但海森堡现在明白了，人们仍旧可以做的是物理学家一直都在做的事情：通过测量位置和动量而赋予它们意义。穿过理论迷雾的方法是关注实际事物。

他需要想出一个简单的例子来清楚地表达他的观点。或许几年前康普顿的漂亮实验还一直在他的脑海深处盘旋，他突然想出了一个释人疑虑的简单例子，这个例子从此让他的名字得以不朽：一个电子在空中飞行。一位观察者用光照亮电子，然后检查被高速粒子反射的光。通过测量散射光的频率和方向，这位观察者可以推断当光束击中电子时它的位置和动量。正如海森堡发现的那样，就在这时，事情开始变得有趣了。

光是由光量子组成的，或者可以称之为光子——美国物理化学家吉尔伯特·刘易斯（Gilbert Lewis）最近就是这样为它命名的。一个光子与飞行中的电子之间的碰撞是个量子事件。正如玻尔曾经证明的那样，这次碰撞并不会产生确切的结果，但会出现一系列可能的结果。这些可能的结果具有不同的出现概率。通过反转这种逻辑，海森堡现在意识到，观察者无法断定一个可以导致这一测量结果的独特事件。相反，可能曾经有一系列电子和光子的碰撞发生。他看出，这必定意味着，人们无法准确地推断出电子的位置和动量。

泡利曾经说过:你要么可以观察到位置,要么可以观察到动量,但无法同时观察到二者。经过认真全面的考虑,海森堡意识到,事情并不像泡利说的那么简单。这并不是非此即彼的选择,而是一个无可避免的妥协。观察者越是试图得到电子位置的准确信息,便越不可能知道它的动量的准确信息,反之亦然。如同海森堡描述的那样,这在他的结论中将永远是一种"不准确性"(inexactness)。

147

正是当玻尔不在的时候,海森堡说服自己接受了这个工整却令人震惊的结果。他已经学会了谨慎对待玻尔对新想法的严格审查。他给泡利写了一封长信,解释了自己的想法;但只给玻尔寄了一封短信,告诉他,他回来时会看到一个有趣的进展。玻尔回来的时候,海森堡已经寄出了要发表的论文。玻尔读了他的文章,渐渐被其中的想法迷住了,然后又大感困惑。

海森堡描述了两个粒子,即一个光子与一个电子的一次碰撞,并发现了由这个碰撞的不可预见性而来的不准确性。不可避免地,玻尔令人恼火地找出了解释这一情况的另外一种方式。检测光子的观察者并不是以对待粒子的方法对光子进行检测的,而是把它视为一小束波。他提醒海森堡,按照经典光学的观点,波只有有限的分辨本领。也就是说,某种波长的光无法给出任何尺寸小于那种波长的物体的清晰图像。它的图像是模糊的。玻尔说,这就是对海森堡发现的现象的解释。也就是说,他通过从对波的测量中获得的信息来推导粒子的性质,而正是这种行为造成了不准确性。

玻尔的重新解释让海森堡深为恼火。首先,因为玻尔又把波拉进了他的论证中,而波身上带有薛定谔的色彩;其次,因为玻尔的论证说的似乎只是经典光学的局限性,而不是量子事件的不可预测性。

但玻尔反驳道:不对,这也不是经典光学的局限性。正是因为粒子与波、量子碰撞与光学分辨率这些不可通约的概念的混杂,才让不准确性溜了进来。这是量子原理与经典原理内在不匹配的外在表现。这个解释与玻尔在挪威滑雪期间的想法十分吻合。他发展出了一个包容性十分强的新原理,这个原理很快将被冠以"互补原理"的大名问世。按照这一原理,量子对象的波方面和粒子方面必须扮演必要但相互矛盾的角色。根据所研究的问题的性质,两个方面中的一个将承担主要责任,但二者都不可被完全忽略。他声称,海森堡的不准确性正是这种不可避免的不和谐所展示出的证据。

148

海森堡目瞪口呆。他用一个简单的方式得到了一个精练的结果,现在玻尔却跳了出来,想把这个结果裹进他偏爱的那种厚重的隐喻装束里。海森堡觉得这种装束过于压抑,他担心自己的结果会在其中窒息。海森堡想完善并发表他的发现,玻尔却让他与那家期刊联系,请他们暂时压下文章。他们需要一起商讨,为这种物理学找到最佳的陈述。海森堡拒绝了。然后,玻尔在海森堡的分析中发现了一个技术错误。这个问题让海森堡极为恼火,因为这让他想起了许多年前的论文答辩,当时他在试图回答威廉·维恩关于标准光学理论的问题时犯过错误。海森堡坚持认为这不是一个大问题,继续推动论文的发表。最后,5 月,海森堡不情不愿地同意在文章末尾加一个注释,对玻尔所作的说明表示感谢,并承认观察中的“不确定性”(uncertainty)的正确来源或许并不像作者暗示的那么清楚。这条注释是在论文即将发表时加上的,其中他使用了“不确定性”这个词,这是玻尔更愿意使用的。

就是以这种痛苦的、充满了争吵的方式,海森堡著名的不确定性原理问世了。当玻尔与海森堡反复争论怎样才能以最佳方式表达这一原理的时候,海森堡说,其中不可避免的困难是:“我们找不到对应的词。”[8]

149

某些词引起了特定的困难。海森堡在写给泡利的信中谨慎地对此作出了评论:“文章中的所有结果当然都是正确的,玻尔和我对它们都无异议,但我们对 *anschaulich* 这个词有着相当不同的审美判断。”[9]这个形容词给讲德语的物理学家带来了一些问题。对于那些想要把它翻译成英语的人来说,这个词造成的问题就更多。海森堡给他的关于不准确性的论文起的名字是“*Über den anschaulichen Inhalt der quantentheoretischen Kinematik und Mechanik*”,一位译者把它译为“试论量子理论动力学和力学之感性内容”,另一位译者把它译为“试论量子理论动力学和力学之物理内容”,而第三位译者把 *anschaulich* 译为“直觉的”。好像一个词同时具有“具体的”和“抽象的”两重意义。[10]

动词 *anschauen* 的意思是“看”,某物 *anschaulich* 就意味着这是一个能够被看到的东西。海森堡打算列举一些物理学家原则上能够观察到的现象，继而把 *anschaulich* 译为"perceptual"，即可以感知的。但这也带来了"物理的"意思，即意味着一些在传统意义上带有经验意味的量。由此出发，随之而来的是"直觉的"，因为那些对物理学家具有意义的量是带有熟悉或者常识意义的量，如位置和动量。（这里存在的一个问题是：在牛顿发明动量并使之成为后来每一位科学家的常识之前，没有任何人认为它是直觉的。）

同样令人费解的是另一个更为著名的词，这个词从此进入了物理学，进而步入了更广阔的世界。在谈到实验测量的时候，海森堡一直使用的是 *Ungenauigkeit* 这个词，即"不准确性"。但在论文的某个地方——其中提到狄拉克和泡利就某个系统的理论描述的不明确之处发表的看法——他改用了 *Unbestimmtheit* 这个词，这个词是动词 *bestimmen*（决定）的名词的否定式。也就是说，海森堡事实上已经区分了实验结果的不准确性与数学描述的不可定性之间的差别，只是在全文的尾注中，*Unsicherheit*（不确定性）这个词突然出现了。这是玻尔的选择，而这个词则通过玻尔的这一选择进入了讲英语的物理学家的词汇之中。

150

事实上，"不准确性"（Inexactness）这个词并不足以充分描述海森堡的发现，因为进行任何精确测量都会有困难，而这个词未能区分这种困难与新的不可行性（inability）之间的差别。时至今日，还有几位老物理学家更喜欢用英语把它说成是"不可定性原理"（indeterminacy principle），这个词更好地描述了这一原理。［迈克尔·弗雷恩（Michael Frayn）在他的剧本《哥本哈根》

的后记中建议使用一个更准确的词——“不可确定性”（indeterminability）。]讲德语的物理学家今天坚持使用 *Unschärfe Relation*（不清晰原理），这是一个很好的选择。与在英语中一样，在德语中，“清晰度”是拍摄得好的照片的特质，因此，*unscharf* 的意思就是“不清晰”。使用“不清晰原理”就有一种滑稽的暗示，即你越是努力地看，你想看的东西就会越不清楚。但“不清晰”（blurriness）无疑是个不够庄重的词，在近代显然难登英语科学词典的大雅之堂。

“我们找不到对应的词”，海森堡这样告诉玻尔。或许他愿意将一个词转换为另一个词，因为他认为，没有哪个词能够完美地描绘他的想法。但玻尔似乎认为，只要不断尝试，就能最终找到正确的词或者词组。他坚持认为，只有用人们熟悉的术语表达量子力学，物理学家才能够领会它是一套比数学关系式更为有效的东西。

1927 年 6 月，泡利访问了哥本哈根，希望能够在两个针锋相对的当事人之间扮演调停人的角色。有一次，海森堡甚至在玻尔无休止的审问中流下了眼泪。在其他时刻，他的沮丧心理让他在被逼无奈的情况下愤而出言反驳。而玻尔，与他早些时候面对薛定谔一样，在所有这些时刻似乎都保持着冷静，令人无法想象的冷静。泡利让海森堡平静了一点儿，但争论并没有产生有效的结论。

151

海森堡要前往莱比锡大学担任教授，所以他无论如何都要离开哥本哈根。在那里，在远离了令人烦恼的玻尔之后，海森堡反思了过去几个月发生的情况，一段时间之后以十分悔恨的语气给玻尔写了一封信，承认他的表现看上去一定显得十分忘恩负义，对此表达了忏悔之意。这年晚些时候，他对哥本哈根做了一次简短的访问，这也有助于修补裂痕。

尽管如此，两人之间再也不会有像海森堡担任玻尔助手期间那样的思想交战了：那种关系显得如此紧密、僵硬甚至紧张。海森堡当时年仅 26 岁，已经通过自己的成就当上了教授，这多少缓解了父亲对他的担心。他的父亲非常担心他在无聊的琐事上挥霍天才。同时，海森堡独力想出了一个大胆而又令人费解的新观点，似乎威胁了物理学家长期以来珍视的原理。这一点或许令玻尔有些不高兴。于是，玻尔为自己设立了下一项任务：为理解不确定性构建一套有效的哲学思想。

第十三章　玻尔可怕的咒语连篇

152

尽管不确定性原理后来取得了显赫的威名,但它的到来最初并没有立即给物理学和哲学的殿堂带来不安和骚乱。玻恩认为薛定谔的波动方程是概率的表达式,他说过必须抛弃决定论。泡利和狄拉克已经看到,量子物理向外部世界表达自己的方式有些奇怪。海森堡的不确定性确定了那种奇怪之处,说明了它们的由来,而且粉碎了某些人的一切希望,即薛定谔和他的波动可能会让物理学恢复某种经典的真实性——这对海森堡而言可能是最重要的。

但这只是寥寥数人的讨论,这一讨论关乎量子力学的核心工作。玻尔发展了他新的互补思想,一举解决了量子力学如何让自己更广为人知的问题。玻尔认为,互补原理起源于他有关对应原理的想法,即量子世界必定会被天衣无缝地转化为经典世界,后者是我们一直看到的世界。互补原理应该能让大批从

153

事实际工作的物理学家理解并应用量子力学。正是这种进行转化的尝试让量子物理学真正革命性的一面冲上一个更大的舞台。

在海森堡离开哥本哈根前往莱比锡之后,玻尔开始对不确定性原理进行解释,这一过程漫长而又痛苦。玻尔的新助手名叫奥斯卡·克莱因(Oskar Klein)。玻尔说出他的想法,克莱因则记下玻尔的见解;但玻尔又会在第二天早上把克莱因前一天好不容易写下的东西抛掉,然后重新开始。夏季,当玻尔一家前往位于哥本哈根以北的丹麦海滨乡间别墅度假时,克莱因也和他们一起前往。痛苦而缓慢的写作仍在继续。平常总是开朗而坚忍的玛格丽特·玻尔偶尔也会禁不住落下泪来。这倒不是因为她像海森堡那样,反对丈夫的物理学,而是因为玻尔整天心不在焉,似乎根本就不是在度假。这个时候,玻尔夫妇已经有了五个活泼的孩子,全都是男孩,第六个男孩也将在下一年降生。

尽管玻尔的措辞变化不定,但他脑海深处的信念从未动摇过。有关量子对象的性质或者行为的任何实际描述最后都必须用经典的方式表达,这一点是无可争辩的。任何实验结果都必须是具体的事实,而不是概率的迷雾。

玻尔认为,不确定性原理和互补原理能够说明为什么薛定谔的波动力学绝不是它的作者所希望的那种经典构想。从形式上看,薛定谔方程是传统意义上的决定论。这就是说,如果人们知道某个系统在某一时刻的波函数,他们就能在此后任何时刻准确地、毫不含糊地计算出波函数,前提是他们在这段时间绝不

154

试图观测。测量让玻恩对波的概率解释行得通:不同的结果是可能的,这些结果具有不同的可能性。

海森堡的不确定性原理确定了一种可能测量与另一种不一致的必然性。一个观察者可以选择各种不同的测量,但必须容忍由此而来的不可通约性,而且这种不确定性还将影响这一系统未来的发展。量子波函数的改变反映了一个特定的测量结果出现而其他可能性没有出现的事实,这一点进而影响了随后进行的测量的可能结果。互补原理是玻尔试图让所有这些相互冲突的可能性最后和平共处的尝试。

1927 年 9 月,为纪念意大利电学先驱亚历山德罗·沃尔塔(Alessandro Volta)逝世一百周年,人们在意大利北部城市科摩举行了一次会议,玻尔在这次会议上展示了他包罗万象的哲学。具有历史意义的是,他的这次演讲标志着他向科学正式引入(也是第一次)一个理念,即测量并不是对客观世界的被动解释,而是一种积极互动。在这种互动中,被测量事物与测量方式共同影响了测量结果。然而,到了这个时候,玻尔那些啰嗦又折磨人的评论已经基本上无法达到预想的效果了。那些尚未完全困惑的人感觉到,出于某种原因,玻尔想说的是他们已经知道的事情,只是用了一种完全没有必要的神秘方式。

玻尔为科学杂志《自然》(*Nature*)准备了一份有关他在科摩会议上的讲话的论文。草稿修改了一遍又一遍,编辑不停催稿,其间还有泡利的帮助和玻尔低声下气的道歉,这一过程历经好几个月,又推迟了几天。文章最终于第二年 4 月刊出,并

155

附了一段编者按语，哀叹玻尔摧毁了重建经典原理的所有最后的可能性。尽管如此，这一评论仍然抱有希望，即人们可以退而求其次，使玻尔的含混言辞不至于成为“有关这一课题的最后定论，而且物理学家或许还能成功地以生动的形式表达量子假说”[1]。

例如，玻尔说，他和他的同事“正在使我们借用感觉的认知模式适应逐渐深化的对自然规律的理解”。这个只能说是勉强符合语法的陈述，无疑让《自然》杂志的普通读者和译者们无可奈何。

这一常被人说起却很少被人理解的观点表明，测量干扰了被测量的系统。但正如玻尔试图解释的那样，所有测量都意味着对被测事物的干扰。他想要传达的有关量子力学的新概念其实是，测量定义了被测事物。你从测量中得到的结果取决于你选择的测量对象。这一点完全不是新东西，但海森堡现在证明，对一个系统的一个方面进行测量，便关闭了人们发现其他方面的大门，从而决定性地限制了以后的测量可能会给出的信息。

在科摩，玻恩曾站起来做了一次简短的发言，称他基本上同意玻尔的意见。而关键在于，海森堡也做出了同样的举动。只有一两个局内人知道，他在过去几个月里与玻尔有过紧张的对峙。现在，表面上看来，种种不愉快都已过去，对于他的导师，海森堡只有赞扬和感谢。

156　于是，量子力学的所谓哥本哈根解释开始展现出它的魅力。

这种情况不但惹恼了物理学家,也让科学史家和社会科学家感到困扰。看上去这就像一个阴谋,尽管内部存在不同意见,但玻尔阵营为了消除来自非圈内人士的批评而在公开场合团结起来。海森堡尤其压下了他的反对意见,揩干眼泪,顺从地按照团队的方针行事。

海森堡是否也和克拉默斯一样,屈服于玻尔不可抵抗的压力,或是在面对玻尔令人疲惫的辩论能力时崩溃了呢?或者,就像某些人提出的那样,海森堡对在德国赢得教授职务的热切渴望,迫使他赞同玻尔的观点,以便证明他是一个可靠的、值得信赖的伙伴,一个团队成员,而不是一个头脑发热的家伙或者一个行为不合常规的人?

这两种猜测看上去都不可信。毕竟,在玻尔恰当地称赞海森堡的不确定性论文之前,海森堡已对发表这篇文章表现出了足够的坚定。当时他只不过26岁,已经为开创量子力学贡献了至关重要的见解,现在又成功地得出了这门学科最令人震撼又影响深远的结果之一。尽管他与爱因斯坦和普朗克在物理学上存在着根本的意见分歧,但他已经赢得了他们的赞美。很难想象他会感到需要为得到一份工作而压制自己的观点。

有一个简单的解释并非一定错误。离开哥本哈根之后,海森堡回顾了自己的表现,发现他对玻尔的敌意有些不过是自尊心在作祟,是对玻尔关于不确定性的观点与他不一致而感到的不悦。泡利责备他,要他更多地考虑一下玻尔的想法。互补原理那种囊括一切的普遍性和伴随其中的模糊性或许不合海森堡

157 的口味,但在物理学家如何理解量子力学方面,他不得不承认玻尔的战略抓住了一个重要的真理。而且,简单地说,这种战略很有帮助。

简而言之,海森堡改变了自己的想法,因为他看到,玻尔提出了一种向前推进的更好的方法。他是个实用主义者。我们没有理由认为他不真诚。

如果说科摩会议显然不重要,那么其中的一个原因就是爱因斯坦和薛定谔都没有出席。爱因斯坦曾于 1927 年春向会议提交了一篇论文,为薛定谔的波动力学做出了一番现实的解释,即非概率论的解释,但后来又撤回去了。这一决定显然是他在与海森堡通信之后做出的。他不喜欢不确定性,并试图找到一种反对论据,却无功而返。感到有些烦恼和沮丧的爱因斯坦留在柏林没有参加会议。薛定谔很快也到了柏林,成了爱因斯坦在大学里的同事。普朗克正式退休了,喜欢交际、科学上保守的薛定谔成了他最合适的继任者。

从表面上看,爱因斯坦应该喜欢互补原理才对。早在 1909 年,当他还在为光子的真实性孤军争辩的时候,他就说过,理论物理必须"为我们带来光的新理论,这种理论应该能被解释为一种波理论与辐射(即光子)理论的结合"[2]。就在海森堡发表他的不确定性原理之前,爱因斯坦还在柏林就相互冲突的观点需要融合发表过演讲。但爱因斯坦认为,这样的融合需要让潜在的冲突不再存在。与此相反,玻尔的互补原理却像它的创造者那样，似乎明确地陶醉于矛盾冲突。

在科摩会议闭幕后仅仅几周，同一批物理学家中的许多人便再次聚在布鲁塞尔，参加第五次索尔维物理会议（Fifth Solvay Conference on Physics）。这次会议的议题是“电子与光子”。欧内斯特·索尔维（Ernest Solvay）是一位比利时化学家、业余科学爱好者，因为一项制造碳酸钠的工艺赚了一大笔钱。1911 年，他对新生的原子论和辐射物理学产生了兴趣，因此出资赞助了仅有特邀人员才可以参加的研讨会，让来宾得以在豪华的布鲁塞尔大都会酒店（Hôtel Métropole）的轻松氛围中畅所欲言地辩论他们最关心的问题。出席第一次会议的有二十位科学界名人，包括爱因斯坦、普朗克、卢瑟福和居里夫人。

158

人们对首次会议的反应极好。索尔维便决定，以后会议每三年举行一次。战争打乱了这一安排，但战后会议又重新开始举办。索尔维会议成了战后年月中讨论许多最棘手、最深刻的科学问题的场所。会议仍然只有受邀人士方能参加，与会人员不超过二十人或三十人。

由于德国科学家在战后受到排斥，索尔维会议直到 1927 年的第五次才重新成为一次真正有国际知名科学家代表参加的会议。爱因斯坦重回会议。玻尔是首次参加，他因病未能参加 1924 年的第四次会议。索尔维本人于 1922 年逝世。第五次会议将讨论一个大课题：量子力学和不确定性原理。这两个问题三年前尚不存在。

会议上泾渭分明地出现了老卫道士与少壮派两大派别。唯一的例外是玻尔,他特别有个性,拒绝静悄悄地与任何一派坐在一起。年轻一代的显要人物有海森堡、泡利和狄拉克,他们只想通过将量子力学运用于跟原子、光子和辐射有关的不解之谜上,来促进量子力学的发展。他们对任何与哲学、语义学和迂腐的卖弄有关的东西都没有耐心。而另一边,德布罗意想压一下先锋派的风头,便赞扬薛定谔为量子力学提出了一个科学的可被接受的形式。当时,薛定谔为自己有关量子波的理念提出了一项不甚清晰的辩护,反对概率解释。德布罗意的讲话受到人们的激烈批判,其中尤以玻恩和海森堡最为尖锐。这导致薛定谔在会议的剩余时间里一直保持低调。

159

与往常一样,爱因斯坦只回答与自己的见解有关的问题,是传统主义者中的主将。他没有发表正式的演讲。他受邀就量子力学发表观点,但经过一番犹豫后,他推辞说,他对这个问题的考虑还没有达到自己希望达到的深度,所以情愿坐着听别人发言。会议期间,他在大多数情况下都没有出声,只把担忧留在心里。他偶尔也会站起来发言,但同时语带歉意地承认,他或许还没有足够深入地研究量子力学的问题,因此对自己所说的话不是非常确定。

尽管如此,人们还是能够清楚地感觉到他的存在。无论在餐桌上、在会后还是在深夜,他都在迫使量子力学的提倡者准确地说出他们真正确信的观点,并用自己的保留意见压制他们。他的这些意见都是凭直觉获得的、哲学方面的、不完全理性的,但其作用之大毋庸置疑。交流方面的不畅通多有存在,特别是当提倡者们未能很好地解释来自其他阵营的质疑的时候。保罗·埃伦费斯特(Paul Ehrenfest)是玻尔兹曼的最后一批学生之一,也是爱因斯坦的朋友。会议期间,他有一次在一块黑板上写下了《创世记》中有关巴别塔的词句:"因为耶和华在那里变乱天下人的言语。"[3]海森堡和泡利假装对这位老人的抱怨无动于衷。[4]他们恭敬地听着,很少说话,但可以听见两人在低语交谈,说没有什么可担心的,最终一切都会好的。

另一方面,出于对爱因斯坦的尊敬和对这些问题的哲学担忧,玻尔无法漠视他的老朋友的反对意见。他接过了保卫量子力学的任务,仿佛其他人都没有看到这项工作的紧迫性。玻尔私下承认,他并不完全明白爱因斯坦如此激烈反对的究竟是什么。[5]

160

爱因斯坦祭出了他最喜爱的手段之一——思想实验。他请他的同行们想象一种相当简单的情况。他说,试想一束电子穿过不透明的幕布上的一个小孔。因为电子具有波动性,所以它们将在第一幅屏幕后的第二幅屏幕上留下一个像,即由一组明暗相间的环组成的衍射花纹。[法国科学家奥古斯丁·菲涅尔(Augustin Fresnel)曾于19世纪早期预言光将产生这种现象,这是人们偏向于光的波动理论的铁证之一。]

按照设想,量子力学只能预测每一个电子在一个地方或者另一个地方击中屏幕的概率。穿过这个小孔并依照概率分散的各个电子将忠实但各自独立地形成这个必然会出现的衍射花纹。爱因斯坦让大家考虑一个单个电子。一旦它击中了屏幕的某个地方,那么它击中屏幕其他地方的概率立即下降为零,波函数必须陡然改变以反映这种新形势。爱因斯坦提出:这难道不正说明,有某种事件在撞击发生的时刻瞬间发生了吗?

这正是爱因斯坦多年来反量子力学思想的萌芽。这意味着一种超光速的传播,尽管人们必须承认,传播的内容难以探测。遗憾的是,有关爱因斯坦与玻尔之间的这些争吵是由玻尔本人在大约二十年后写下的。[6]从这些描述中,我们多少能看出些爱因斯坦的论据。随之而来的则是玻尔的详细回应,但并没有切中要害。

161

由于爱因斯坦无法认同存在超过光速的现象的观点,所以(据玻尔说)他坚持认为量子力学不可能是故事的全部。在一个比量子力学更为宏伟的理论中,一定有什么别的方式可以详细计算电子的行为,使人们可以准确地预测电子的最终位置。在这种情况下,人们将可以证明,量子力学与生俱来的概率将与供奉在过去的热力学理论中的概率完全一样。在热力学理论中,原子在任何时候都有确定的性质,而且从理论上说,其行为绝对可以预测。但物理学家并不具备确切知道每个原子的行为的能力,因此不得不借助于统计描述。爱因斯坦坚持认为,量子力学也应该如此起作用。从其内在性质来说,它应该具有传统意义上的决定论性质。事实上,概率论的入侵并不能说明物理决定论已经基本崩溃,而只说明物理学家尚未勾画出整个图像。

通过辩论,玻尔用新发现的不确定性原理证明,在不破坏衍射花纹的情况下,人们无法得到爱因斯坦思想实验中的电子的更多信息。你可以详细获得每个电子在击中屏幕前的轨道,或者得到衍射花纹,但无法二者兼得。

不难想象爱因斯坦在听到这一反击时的恼怒。量子力学当然无法给予人们想要的所有信息。这正是爱因斯坦想要公之于众的问题。玻尔远远没有解决这一难题,而是进一步增大了它的难度。量子力学不可能是故事的全部。

埃伦费斯特在索尔维会议后不久写了一封信,用电报式的风格热情地描述了这件事。他说:"这就像一次象棋比赛。爱因斯坦一直热衷于开发新的论证。玻尔总是放射出哲学迷雾,以这种方式摧毁一个又一个例子。爱因斯坦像奇异魔术箱中的小人,每天早上都精神抖擞地重新上蹿下跳。哦,看到这样一场辩论真是价值无限。"[7]埃伦费斯特失望地看着爱因斯坦不合理地谈论量子力学,其方式就跟他的反对者批评相对论的方式一样。埃伦费斯特还曾当面对爱因斯坦这样说。但他也不得不承认,爱因斯坦的不满让他感到了不安。而且,尽管站在玻尔一边,埃伦费斯特也不得不抱怨"玻尔那种可怕的咒语连篇。别人谁也没法进行总结"。

162

其他与会者没有以这样夸张的语句回忆这次会议。狄拉克的观点与爱因斯坦的非常接近。他冷静地评论道:"我倾听着他们的辩论,但并没有参与,根本原因在于我对此并不是很感兴趣。我更感兴趣的是如何得到正确的方程。"[8]他还曾在其他地方说:"互补原理并没有提供任何我们过去没有见过的方程。"[9]

爱因斯坦和玻尔在第五次索尔维会议上的会战让彼此都不

太愉快。他们都没有与对方进行有益的思想交流。海森堡和泡利通常支持玻尔一方。很久之后海森堡声称,索尔维会议建立了有关量子力学的一个共识,因此十分重要。但在追问之下,他不得不承认,事实上这一共识只存在于玻尔、泡利与他本人之间。1929 年,他在芝加哥发表演讲,以赞美的口吻说到了玻尔的影响和哥本哈根精神。无论对于支持者还是持异见者来说,哥本哈根的解释都成了量子力学的标准观点的结晶。几十年来,163 这种解释既捉摸不定,又影响深远。那些同意这一解释的人称赞其深刻性和所具有的威力,但也承认,人们无法轻而易举地用语言表达。这一解释的批评者认为其问题也正在此处。它得到了事实上的权威地位,但似乎没有谁能够真正说出这种解释到底是什么。

爱因斯坦的态度并没有软化。第五次索尔维会议后一年,他给薛定谔写了一封信。信中,他以轻蔑的口吻无可奈何地说:"令人镇定的海森堡 - 玻尔哲学(或许是宗教?)密谋策划得如此之好,以至于它现在已经为其真正的信奉者提供了一个软枕头,这样他一觉睡下去便不容易被唤醒了。那就让他继续躺着吧。"[10]然而,具有讽刺意味的是,爱因斯坦反对其他人的宗教原理,但他自己不喜欢量子力学的原因来自他与"上帝"思想的直接沟通。

第十四章　现在我们赢了这场游戏

164

在1928年夏季行将结束的时候，一位俄罗斯青年刚刚结束在哥廷根两个月的夏季课程的学习，并在哥本哈根下车停留一天，希望在返回列宁格勒之前能见到尼尔斯·玻尔。[1]玻尔当天下午抽出一点儿时间与他会面。这位身材过分细长的年轻人名叫乔治·伽莫夫（George Gamow）。他对玻尔解释了他如何得出了一个简洁但又古怪的答案，能够解答一个久已存在的难题。玻尔热切地倾听着他的谈话，并问伽莫夫想在哥本哈根停留多久。伽莫夫回答说他当天就得走，因为苏联政府给他的那点儿差旅费已经花完了。玻尔问伽莫夫，如果他能在研究所为伽莫夫安排一年的研究奖学金，他愿不愿意接受。伽莫夫被惊得目瞪口呆，然后同意了。

165

让玻尔特别感兴趣的是伽莫夫对有关放射性衰变这一古老谜题的解释。玛丽·居里早在1898年便对此发表过评论，卢瑟福和索迪也曾于 1902 年对此进行过定量证明。他们看到,衰变紧接着一种真正随机的过程而来:在给定时间内,任何不稳定的原子核都会以恒定的概率分解。尽管这是物理学中第一个真正无法预测的现象,但它的意义并没有立即引起物理学家的注意。甚至在 1916 年,当爱因斯坦指出,玻尔原子中的电子也遵守同一种概率定律的时候,物理学家也未能完全意识到,一个令人尴尬的新现象已经闯入了理论的大厅。他们更无法洞悉放射性与电子跃迁之间联系的任何来源。

伽莫夫会见玻尔的时候,人们对核物理基本上还没有什么了解。人们知道质子的存在,而且越来越相信,它一定会有一个中性的伙伴。但直到 1932 年人们发现了中子之后才肯定了这一怀疑。物理学家不知道是什么让原子核聚集在一起的:静电排斥作用应该以极大的斥力让紧靠在一起的带有正电荷的质子集团立即高速飞离,不管中子是否存在,情况都会如此。

伽莫夫必然只能得出一个有关 α 放射性的简单模型。在他的想象中,已知与氦的原子核完全一样的 α 粒子预先存在于不稳定的重原子核中。然后他假定那种把原子核保持在一起的力也在大多数时间里阻止这些 α 粒子从核内逃逸出去。他用量子的眼光看待这个图像,最后得到了一个既让人吃惊又让人满意的结论。

一般来说,一个足以把 α 粒子保留在核内的力将把它们永久封存在那里。考虑一下在一个浅碗内滚动的玻璃球。如果它具有能让自己从碗边飞出去的能量,那么它立即就会飞出去;但如果它没有足够的速度到达碗边，便永远也飞出不去。在这两种情况之间存在着明显的分界线。

但是伽莫夫用薛定谔的方程把核内的一个 α 粒子描述为一个量子波，而不是一个传统的粒子。他还发现，出于数学原因，这个波不会在核的边界陡然消失，它必须扩展到核以外，一直延伸到远处。伽莫夫意识到，如果波在核外存在，那么必定存在这个粒子实际存在于核外的某个可以测量到的概率。根据伽莫夫的量子分析，一个 α 粒子不能完全只存在于核内。

换言之，一个 α 粒子有某种恒定的概率会出现于核外，而一旦它真的到了核外，静电排斥力就会发生作用，迅速把它送走。伽莫夫的模型朴素率直，但它不仅解释了 α 衰变发生的原因，还解释了二十五年前卢瑟福和索迪发现的概率定律。

伽莫夫来哥本哈根之前，就已经寄出了一篇文章。正如历史上经常发生的那样，两位美国物理学家爱德华·康登（Edward Condon）和罗纳德·格尼（Ronald Gurney）也在 1928 年独立提出了同一个想法，并发表了他们的研究。

人们经常把 α 的衰变模型视为人称隧道效应的普遍量子现象的第一个例子：α 粒子能够穿越经典说法中认为不可穿越的壁垒，这种壁垒是由封闭力形成的。但隧道现象是一种笨拙的尝试，它试图用人们熟悉的语言解释经典物理学认为不可能发生的现象。它提出的图像是：一个粒子周而复始地在关押它的监狱里运动，直到某一刻，它穿墙而出，获得了自由。但无论根据薛定谔的波动力学还是海森堡的不确定性原理，从纯量子的

167 角度而言,这个α粒子永远都不会具有这个经典图像所暗含的确定位置或者动量。相反,它在原子核的边界之外保持着一种恒定但微小的存在。

由此产生了一个棘手的问题。如果α粒子总是有存在于原子核外的概率,那么,它为什么会在这个时刻而不是另一个时刻离开呢?

"一个电子会如何做出决定?"多年前,当卢瑟福无法看出它为什么会在一个时刻而不是另一个时刻跳到新轨道时就这样问过玻尔。而现在,同样的问题出现在了α衰变中。原子核是如何决定什么时候分裂的呢?

伽莫夫关于α衰变的解释说明,这两个问题的答案是同一个。也可以说,它们是因为同一个原因而无法解答的。量子力学只能给出概率。情况就是如此。一个关于某一事件会在什么时候或者什么地方发生的问题,已经超出了量子力学能够解答的范围。按照经典理论,如果发生了某一事件,则必定存在着导致它发生的直接原因。在量子力学中,这个久经考验、看上去毫无疑义的规则不再适用。不难看出,为什么爱因斯坦会将此视为对失败的承认而非科学的解释。

伽莫夫当时24岁,刚刚从列宁格勒大学毕业。时差几年,他恰好错过了量子力学的辉煌岁月。当时,在玻尔的谨慎指导与爱因斯坦的怀疑注视下,海森堡、薛定谔、狄拉克和其他人搭建了这门新物理学。对于伽莫夫以及其他所有最新一代的物理学家而言,量子力学为他们提供了一套神奇的工具,他们能够用这套工具解决人们过去难以想象的各种问题。不仅是核物理，还有晶体和金属物理、热传导和电传导物理、光透明和光不透明物理，所有这些都开始在量子力学的洞察力面前无所遁形。随着各种各样的实际问题出现在他们面前，物理学家不再倾向于在哲学问题上虚度光阴。有太多的工作要做，所有这些都如此精彩。

168

但爱因斯坦从来都不是对复杂现象的详细计算感兴趣的人，他无法放弃他那深沉的忧虑。他的战斗还未结束。

玻尔一反常态，用生动的语言回忆道："在1930年索尔维会议上与爱因斯坦的那次会面中，我们的讨论发生了相当戏剧性的转变。"[2]如同过去一样，三十位全世界最顶尖的物理学家齐聚布鲁塞尔，这次会议的正式议题是磁学。这次会议的官方议题和正式议程在历史书上基本上是看不到的。而在人们心头徘徊不去的是对爱因斯坦与玻尔之间又一次紧张、激烈的对决的记忆。

在上一次胜负未决的索尔维辩论上，爱因斯坦无疑意识到，形而上学的考虑不会让他取得任何突破。他需要一种具体的定量证明，来说明量子力学中存在着某种缺陷。当他来到布鲁塞尔的时候，他认为他找到了这样一项证明。他想向玻尔和他的门徒们证明，尽管现在的不确定性原理被誉为量子力学的基础，但它不是终极真理。他发现了一种可以绕过它的方法。通过这种方法，人们可以从一个实验中得到比海森堡的规则所允许的更多的信息。

这个所谓的实验当然不是真实的,而是爱因斯坦最爱的思想实验的另一个例子。这是一个无论想象力多丰富都不可能在任何实验室做的测试,但这是物理定律允许的一种实验。更确切地说,爱因斯坦认为,在这种情况下,物理学定律将证明,这一实验能产生比海森堡预期的更好的结果。这个实验如此简单,似乎还无可争辩。

169

爱因斯坦说:想象一个有若干光子的盒子,这个盒子带一个由时钟操作的快门。在某个特定时刻打开快门,一个光子在一瞬间从盒子中逃出。在快门打开前和打开后分别称量这个盒子,根据 $E = mc^2$,由重量的变化可以得出逃逸光子的能量。海森堡原理的一个版本说,你越是试图准确测量某个量子事件的能量,就越无法知道这一事件发生的确切时刻。爱因斯坦相信,在他的新论证中,这一限制将不再适用。他能够测量逃走光子的能量,而且知道光子离开盒子的时刻,他可以依照任何他所希望具有的准确性独立进行这两个测量。爱因斯坦洋洋得意地宣布,他打败了不确定性原理。

比利时物理学家莱昂·罗森菲尔德(Léon Rosenfeld)在一年以后成为玻尔在哥本哈根的助手。他没有正式受邀参加这次索尔维会议,但他还是来到了布鲁塞尔观察他们的争论。他来到与会者停留其中的大学俱乐部,刚好看到满面笑容的爱因斯坦从会场回来,“身后跟着一大票名声不那么卓著的支持者”。爱因斯坦坐了下来,显然很高兴地对“所有崇拜者”讲述了他反对海森堡原理的思想实验。[3]

然后玻尔到了。他“耷拉着脑袋”，看上去“绝对就像一只挨了一顿狠揍的狗”。他与卢瑟福一起吃晚饭，其他物理学家也到他们的桌前闲聊。玻尔“特别特别激动”。他坚持说爱因斯坦不可能是对的，说这将意味着量子理论的末日。但他无法立即确认问题所在。当天晚些时候，他以同样的方式劝说爱因斯坦，而后者沉静地未加理会。

170

但第二天上午，容光焕发的人换成了玻尔。他一夜之间想通了，认识到爱因斯坦犯了一个颇具讽刺意味的错误：爱因斯坦忽视了自己广义相对论中的一个推论。玻尔说：不妨假设我们将内置光子的盒子悬挂在某种弹簧秤上称重。他提出的推理是：在一个光子逃出的时刻，重量减轻了的盒子将沿着重力的反方向略微上升。这种情况有两个意义重大的含义。首先，盒子向上的微小动作带来对其质量测量上的不确定性，这便造成人们在推断逃逸光子所具有的能量上的不确定性。其次，更微妙的是，盒子的这一运动使时钟运行速率产生了变化。这是因为，正如爱因斯坦在十五年前就证明了的那样，当时钟在引力场内运动的时候，它的计时速率一直在随着它的运动速度而改变。

玻尔满意地解释道：以上两个在能量和时间上的不确定性所造成的结果正是根据海森堡原理预测应该发生的情况。爱因斯坦懊恼地看到，他急切地想证明海森堡是错的，结果却忽略了自己创立的物理学。这时他别无他法，只能认输。不过，玻尔并没有幸灾乐祸。他在后来对这些事件的叙述中说，他并没有明显地说出自己是对的而爱因斯坦是错的这样的话。他反而强调了爱因斯坦在思维中不断显露的敏锐性,说他准确地把握了经典物理与量子物理最明显的分歧之处。他赞美爱因斯坦在推动量子物理学家(这里他主要指他本人)前进方面的影响,使他们得以揭示出这一尚未成熟的学科的特点,以及其毫无疑问的奇特之处。

如果把玻尔很有礼貌的赞扬撇到一边,那么事实仍旧是,爱因斯坦对准量子力学和不确定性原理的奋力一击并没有如愿地击中要害。它既没有伤害这一理论,也没有留下什么印记。尽管海森堡、泡利和其他人在这次思想交锋中只扮演了次要角色,海森堡后来还是说:对此"我们都相当高兴,并觉得现在我们赢了这场游戏"[4]。

171

在证明量子力学有缺陷的最新尝试失败之后,爱因斯坦回到他早先更基本的抱怨上:量子力学或许在逻辑上没有矛盾,但它不可能囊括全部真理。他坚持认为,物理学家试图用他们的理论描绘世界,而可能性、概率和不确定性就源于他们对这个世界的不完全理解。玻尔、海森堡和其他人的恶作剧式的论证,充其量不过是写下了他们面临的困难,真正的答案在别处。他仍然确信,总有一天,人们会发现一个更完备的理论,那时的量子力学将会与众多不成功的假说一样成为历史。

一直试图搞清楚量子理论是否真能站住脚的诺贝尔物理委员会的成员们,没有在 1931 年为此颁发该奖项。但随后,他们突然对此有了信心，在 1932 年把该奖项颁发给海森堡一个人，接着又在 1933 年共同授予了薛定谔和狄拉克。这又一次增添了玻恩持续一生的怨恨，他在量子理论的概率问题上做出了贡献，但没有得到人们的承认，直到 1954 年他获得诺贝尔奖。

在 20 世纪 30 年代初的那些年月中，各种政治势力开始沸腾。不久，它们便把量子力学的奠基者驱逐到了世界各地。1933 年初，通过操纵魏玛宪法的条款并利用对手自鸣得意的心理，阿道夫·希特勒在德国全面掌权。纳粹党人立即开始对行政部门和大学中的犹太人施加各种压力。多年来，爱因斯坦一直被视为犹太科学的象征和德意志文化的敌人，不断遭到攻击。他已经花了大量时间四处奔走，各地游历，这时终于下定决心永远离开柏林。牛津大学想给他一个职位，加州理工学院和新近成立的普林斯顿高等研究院也想这样做。有一段时间，爱因斯坦倾向于去加利福尼亚州。他去过那里，认定那里是一片乐土。但与大部分欧洲知识分子一样，他觉得美国固然令人神往、活力四射，但本质上是一片蛮荒之地。他以自己的方式敬重德国的传统和文化，但他敬重的不是普鲁士的军国主义，当然更不是希特勒大声疾呼的不正当的雅利安人特质，而是深沉且历史悠久的德国音乐、哲学和科学文化。

172

当希特勒攫取德国大权的时候，爱因斯坦正在加州，他明确表示再也不会回德国。他曾短期返回欧洲，但最远只到了德国驻布鲁塞尔的大使馆，以便交出他的德国护照，并宣布放弃德国国籍。1933 年秋季他来到普林斯顿，在那里一直住到辞世。普林斯顿大学如它的创建人所希望的那样,就像一个高雅的有着最优秀的欧洲风格的学术中心,为爱因斯坦提供了一个安静的港湾,使他不必承担任何授课任务。

德国报纸为爱因斯坦的离去欢欣鼓舞。如果他自动放弃了这个国家,就说明他不是一个德国想要的人。随着世界上最著名的犹太人不再让他们碍手碍脚,纳粹党人开始对他们列在黑名单上的人士一一下手了。据玻恩回忆,1933 年晚些时候,命定的一天终于到来了:"我从报纸上读到新闻,知道我是那些因种族原因而被勒令离开的人中的一个。"[5]经过一番游历后,他最终在爱丁堡落户。泡利的祖上是犹太人,但他并不是遵从犹太传统习俗的正式犹太人。这个时候,他在苏黎世是安全的,他在那里一直住到撒手人寰。薛定谔是柏林大学的教授,他不是犹太人,但他发现,在德国的生活越来越让人厌恶。他在牛津大学工作了几年,然后在奥地利东南部的格拉茨找到了一个职位。他这样做部分是因为他可以就此回归自己的祖国,但更贴切的说法是,这样他就可以和情妇生活在一起了。他的情妇是另一个物理学家的妻子,与丈夫在牛津生了一个女儿。薛定谔的妻子当时住在维也纳。

173

当纳粹 1938 年吞并了远非自愿的奥地利之后,薛定谔再次逃离。他在都柏林新近成立的高级研究院得到一个职位。这所研究院是在受过数学训练的总理埃蒙·德瓦勒拉(Eamon de Valera)的指导下成立的。

许多其他的犹太物理学家也逃离了德国,或者试图逃离。

其他地方的同行竭力为他们寻找职位，但这并不是一件容易的事，因为排犹主义在德国之外也并非新鲜事。不仅如此，许多试图逃跑的人还具有"左倾"的政治观点。就连爱因斯坦的支持者们都劝他不要公开说出自己的政治见解。他曾说过并写过对斯大林和苏维埃的共产主义实验表示同情的话语和文章，并在某些场合以讽刺的口吻提到了美国人的粗俗和物质主义。很多美国人不喜欢看到大批同情共产主义者的犹太人涌入他们的国家。

希特勒疯狂地渴望发扬雅利安文化，并保卫德国不受邪恶的外国影响侵袭。在短短几年内，他成功摧毁了德国在物理学上的超群地位。英语成了这一学科的通用语言。一些德国物理学家公开庆祝在他们的行业中展开的种族清洗，根本不在意这种清洗造成了什么样的直接后果。而德国其他物理学家则哀叹他们无法在任何情况下有效地反对这些做法。马克斯·普朗克尽管因纳粹的行径而大为惊恐，但他以为自己可以留在柏林，尽可能运用自己的影响力保护祖国的伟大科学遗产。

174

早在爱因斯坦正式从普鲁士科学院辞职之前，普朗克就面见了希特勒，向他力陈排犹的坏处，说此举只会损害德国的科学。而希特勒大发雷霆，并谩骂、威胁普朗克，但普朗克设法让他相信，犹太人并不会造成真正的危险。随后，普朗克试图劝说玻恩和其他人留下来，因为"随着时间的推移，一些辉煌的事物总会与令人痛恨的事物分离"[6]。当爱因斯坦不会再回德国这一情况明朗化之后，普朗克致信爱因斯坦，说他对纳粹的尖锐指责只会让那些留在柏林的人的日子更不好过,而这些人正在试图与纳粹达成某种妥协。爱因斯坦一直认为普朗克具有正直的灵魂,但他现在发现,他对德国人民具有高尚品格的信心又减少了一些。他说,普朗克只有60%的高尚。[7]

第一次世界大战期间,普朗克曾在为德国辩护的臭名昭著的文件上签名,为此他后悔终生。他告诫人们谨慎才是唯一策略。他年纪太大,并且太爱自己的国家,所以根本不会考虑离开祖国,但即便想在细枝末节上阻止纳粹也变得越来越不可能了。阿诺德·索末菲这位年长的普鲁士人多年来公开保护爱因斯坦,责备反犹主义。德国科学运动领导人对普朗克和索末菲进行了攻击,说他们有"白色的皮肤和犹太人的心",说他们在某些程度上比真正的犹太人更可恨,因为他们竟然选择支持犹太科学,虽然他们并不存在遗传上的血统。

在"白皮肤犹太人"的名单中赫然在目的还有维尔纳·海森堡。虽然他一如既往地对政治保持沉默,但他苦苦为相对论和量子理论辩护,而这两点恰恰是那些希望重新建立雅利安版本物理学的人心中的噩梦。而且,从对他最有利的方式来说,他对希特勒的态度也是模棱两可的。他认为希特勒是个领导着一批无知无识的群氓的煽动家。但同时,许多人认为德国需要一个强有力的领袖,这样才能重现昔日的辉煌。对于这种想法,海森堡心中的赞同也绝非一星半点。玻尔曾在希特勒执政初期对德国进行了一次短期访问,在回到哥本哈根之后,他向人们转述了海森堡的观点。他说海森堡热烈地表达了自己的意见,认为事情不会变得很糟，因为元首现在正全力以赴处理共产主义者和其他不爱国的极端主义分子的问题。[8]

但是，希特勒能够在位多久呢？在海森堡的有生之年，德国政府走马灯似的变换不息，每一个都与它的前任一样脆弱、易怒。与海森堡一样头脑清醒的人多得很，他们都是非情绪化的、不关心政治的人物。但他们都认为，这种混乱会在造成太大的破坏之前慢慢改变。

迄今为止，海森堡对政治的厌恶一直让他获益匪浅。排犹浪潮创造了一些工作机会。哥廷根大学表示希望聘请海森堡任职，以取代离去的玻恩。索末菲想让海森堡到慕尼黑大学来。但当局对这两项邀请都下了禁令。海森堡并不是他们的人。海森堡对迫使优秀的物理学家离开德国谨慎地表达过保留意见，但他私下对当局表示的异议并没有带来政策上的改变，只有正式的训斥。受到惩罚的海森堡学乖了，以后逢事便三缄其口。1935 年，如所有政府工作人员一样，海森堡按照要求签署了效忠希特勒政府的誓言。他曾就此咨询过普朗克的意见，问普朗克自己是否应该辞职以示抗议。普朗克的回答是，那只会让当局指派一位物理学上不那么内行，但政治上坚定的纳粹党人来接管。为了德国科学的长远利益，最好还是坚持下去，尽力为之。

然而，这种做法最终并没有产生多大的效果。

第十五章　生活经验而非科学经验

176

当希特勒成功让德国的科学天才星流云散、分布于世界各国之际，量子力学也已走向全球。在这次新时代的犹太知识分子“出埃及记”[1]中，没有哪个国家的收获能够超过美国，但此前美国的科学已经依靠自己的力量进入了世界前沿。欧洲科学家早在1914年之前便已跨过大西洋，而在战后国际形势有所缓和的时代，这一过程更是加速发展。他们坦白地承认，美国探险让他们收获了可观的金钱，但当岁月流逝，他们几乎无法不注意到，他们面对的是越来越有水平的听众。同时，年轻的美国科学家成群结队地前往欧洲，在那里学习新的物理学，一位于1926年前往哥廷根大学的美国人发现，那里已经有二

---

① 《出埃及记》是《圣经·旧约》的第二卷，主要讲述以色列人在埃及如何受到迫害，然后由摩西带领他们离开埃及的故事。——译者注

177 十位美国同胞。[1]不过,他们总是抱有学成回国建立自己的研究机构的愿望。

英国在理论物理学中的地位也再次上升,尽管它从未恢复19世纪曾经达到的辉煌。美式英语取代德语成为理论物理学的国际语言。以路易·德布罗意为代表的法国物理学界曾为量子力学做出贡献,但一般来说,法国物理学自贝克雷尔、庞加莱和居里夫妇的时代以后便一蹶不振。

换言之,岁月变迁已经让科学的最前沿以种种方式越过了国境线。20世纪初期,它从英格兰来到德国,曾在慕尼黑、哥廷根驻足,并由此北上,抵达哥本哈根;然后扫回英伦三岛的剑桥,之后远渡重洋,来到另一个剑桥①以及芝加哥、普林斯顿和帕萨迪纳(Pasadena)。也许,希特勒的彻底闯入,加速了本就已经愈演愈烈的转移。与艺术或者音乐一样,科学的中心很少长时间停留在一个地方。

尽管如此,令人吃惊的是,在德国历史上这样一个奇特又令人忧心忡忡的时代,竟仍有如此多的量子力学理论出现。回顾过去,魏玛时代具有异国风味,好像一种完全不同的感受能力在十年间扎根于迟钝的德国,但随后又飘然而去,不知所踪。当时德国公民的不满情绪高涨,国内混乱无序,曾经出现过短暂又疯狂的艺术运动。这时期的德国出现了夜总会和卡巴莱歌舞表演

① 指哈佛大学。它最早叫剑桥学院,而且其所在地也叫剑桥,为了与英国的剑桥相区别,中文里一般将其所在地译为坎布里奇。——译者注

(cabaret),贝托尔特·布莱希特[1]和弗利茨·朗[2]大受欢迎,单调沉闷的社会主义现实主义和爱好技术的包豪斯建筑学[3]纷纷涌现。这是一个狂躁并缺乏理性的年代。艺术家们迅速地从一种痴迷转入另一种痴迷,激烈地批判过去,哪怕这个"过去"不过才过去了六个月。政治局势动荡不安,艺术轻浮易变,公众生活缺乏保障,时常令人绝望。正如尼采所说,放纵之母不是快乐,而是不快。

同样,这也是一个物理学发生剧变的年代。概率论的新规则让决定论的旧秩序权威扫地。这些年间,各种想法纷纷出笼, 178 随后又归于沉寂,这一过程有时只有几个月。经典物理学产生了旧量子论,旧量子论则带来了量子力学,催生了不确定性原理。不可避免地,这让一些社会分析家开始考虑如下问题:是否新物理学的兴衰起落与这一时期的社会和知识阶层的动荡不安存在着某种内在联系,而并非两者偶然同时出现?是否魏玛时期德国那些纷乱不休、争论不已的气氛也深入了科学思维,从而推动了不确定性原理的诞生?

科学家一直在嘲笑这类想法。他们会说,物理学的发展有

---

① Bertolt Brecht (1098—1956),德国诗人、剧作家、导演。——译者注

② Fritz Lang (1890—1976),德国电影制作人、剧作家,有时也担任电影监制人和演员。——译者注

③ Bauhaus,包豪斯建筑学校由建筑师瓦尔特·格罗皮乌斯(Walter Gropius)于1919年创立于德国魏玛,对现代建筑学具有深远的影响。bau是英文的build,haus是英文的house,所以这个词就是建房子的意思,也就是现代建筑。——译者注

其自身的原因。不确定性原理有许多根源和祖先,从动力学到放射性,一直到发光体的光谱。很难从中看到任何艺术或者政治的影响。而绝大多数发展了不确定性这一想法的科学家都是不关心政治、对艺术持传统观念的人。海森堡和玻恩在演奏钢琴或小提琴的时候喜欢贝多芬,爱因斯坦偏爱莫扎特。玻尔对音乐完全不感兴趣,他踢足球、打网球,滑雪技术也很了得。泡利喜欢在外面待到很晚,但很少卷入艺术家或者音乐家的圈子,而且对自己不读报纸这一点甚感骄傲。

然而,他们或许努力进行了尝试,但在那个时期,身处德国的物理学家无法置身于与世隔绝的象牙塔里专注于自己的学问。他们经历了金钱和食物的短缺,目睹了街头暴力。由于大学里的职位掌握在当权者手中,他们肯定至少隐隐约约地感知到了政府时不时地更迭,并尝试用不同的政策影响科研和教育事业。他们的思维或许处于另一个世界,但他们生活在一个真实的世界中。

尽管如此,一位名叫保罗·福曼(Paul Forman)的科学史家写的如下内容还是令人震撼不已:"我确信……1918年之后,德国物理学界突然爆发并蓬勃发展的否定因果律的运动,主要是德国物理学家为使他们的科学内容适应他们的学术环境而进行的努力。"[2]主要是?

179

他的主要论点可以归结为以下内容:德国在第一次世界大战中惨遭败绩,这导致人们对过去深感幻灭,幻灭对象并不仅仅包括俾斯麦的治国经纶和结构僵化的社会,还有植根于科学的民族精神,而这一科学是以决定论和秩序为基础的。在反对旧方式的过程中,一种浪漫的复兴倾向逐渐产生了,它拥抱自然而摈弃机器,拥抱热情而摈弃理性,拥抱可能性而摈弃逻辑。如果历史同科学一样也是遵循因果律的,如果决定论导致了德国的衰败,那么显然,人们将迫切需要另外一种历史。因此,科学家也避免与名声扫地的过去相联系,偏爱新的知识环境,同时他们抛弃了决定论,在可能性、概率和不确定性的大旗下大步向前迈进。按照福曼的说法就是:“德国物理学家非常乐于重建他们的科学基础,我们可以将这种现象视为对他们自己负面声望的回应。”

当然,没有任何物理学家会承认,他们提出一项全新的理论是为了与某种正在消亡的社会趋势取得一致。如果影响真的存在的话,它将是下意识的、不自觉的,只有一位训练有素、善于观察的历史学家才有可能分辨出来。

可以肯定,有些科学家曾公开发表言论,对德国社会的崩溃带来的秩序变化作出回应。马克斯・普朗克大声呼吁,要人们努力在德国培育科学,以此让国家重建昔日辉煌、重新赢得国际声誉。但人们也注意到,普朗克对量子理论更深层次的含义并无热情。普朗克认为,科学的力量和持久性恰恰依赖于19世纪坚实的决定论基础;而且他相信,正是通过强调其完整性,德国科学才可以证明它自身的价值。换言之,他认为科学可以通过坚持对抗当代的压力和维持旧标准来展现自己温和且冷静的影响力。这一点刚好与有些人的说法相反,即科学应该调整其原

180

则,以便在一个不稳定的世界中获得青睐。

当然,战后的德国存在着一种反智主义的返祖风潮,这一风潮对准的是有关世界的极端理性、冷静的科学观点。但与魏玛德国的其他许多事物一样,这种风潮的背后并没有一致的哲学,只不过是几股冲动而已。海森堡非常珍视的觅路人组织的成员们在山冈和森林中跋涉,他们因大自然的奇观而狂喜,并就生命的意义展开无休止的辩论。文化历史学家彼得·盖伊(Peter Gay)曾说:“这种思维不过是要让青少年时代本身成为一种意识形态而已。”[3]无论如何,觅路人其实是一个人员构成很复杂的组织。其中一些人是社会主义者,他们想要创造一个平等主义的新世界;还有一些人倾向于右翼,他们渴望重建昔日的德国,那里人人都知道自己的位置。除了对当前的局势表示惋惜之外,海森堡和同事其实对政治并不是很关心。在他的整个科学职业生涯的初期,即当他构思新的数学和不确定性原理的时候,海森堡都会时不时地抽出一段时间,与他的朋友们在群山和湖泊间漫游。对于他来说,这是放松身心的纯粹休息,是逃避日常生活折磨的一种方式。在这些远足活动中,他想要的只是远离社会,而不是改造社会。

如果说,这一早期的浪漫倾向确曾有过一个领袖或者说导师的话,则此人就是奥斯瓦尔德·斯宾格勒(Oswald Spengler)。在1918—1922年,斯宾格勒发表了他的长篇两卷本自主研究巨著《西方的没落》(*The Decline of the West*,德文 *Der Untergang des Abendlandes*,这是一个更为响亮但伤感的标题)。斯宾格勒是一

181

位中学教师，每天晚上都伏案工作，把他毋庸置疑的学识编织成一个包罗万象的全景式世界历史理论。他似乎独立钻研了世界各个角落曾经存在过的一切不著名的古代文明，研究并消化了他们的艺术、音乐和数学。他的庞大主题是命运，或者毋宁说是命运观念(Desting-idea)。斯宾格勒说：历史是周而复始的大循环。文化或兴或衰，它们的思维风格也随着一起兴衰成败。现代科学的理性文化只不过是车轮的又一圈而已，它也会走上末路。

斯宾格勒的叙述方法是：首先写下大批细节和无数模糊的事实，当读者的头脑开始糊涂的时候，他便迅速跳跃到这些细节必定说明了些什么的宏大断言上。人们很难描述斯宾格勒写作事业的艰苦程度、严肃性、倾向性，以及它绝对不折不扣的疯狂性。这部阴郁、宿命论的作品成了一部畅销书。对于德国读者来说，这部书为他们提供了安慰，告诉他们，历史的车轮将继续转动，而一个衰落了的国家和文化将再次崛起。这就是命运。

斯宾格勒写道：当今世界的种种不幸应该归罪于科学。其罪责可以一直追溯到古希腊人和他们对逻辑学与几何学的宿命尊崇。歌德是他心目中的英雄，而牛顿是首要罪犯。歌德“痛恨数学……对于他来说，机械世界站在有机世界的对立面，是死的自然与活的自然的对抗，是定律与形式的对抗”[4]。

在令人疲倦的浅薄的科学因果律对面站着的是命运的历史力量。前者只不过是偶然的，而后者意味着目的。斯宾格勒告诉我们：“命运观念要求生活经验而不是科学经验，是观察的力

182 量而不是计算的力量,是洞察力而不是理解力……在命运观念中,灵魂揭示了它对世界的渴望,它对站立在阳光下的渴望,它对完成并实现它的天命的渴望。”[5]

这种说法偶尔来上一点儿会很有帮助,而在《西方的没落》中,这种说法令人大为神往。简单地说,斯宾格勒抓住了一点,即这个世界出现了可怕的问题,但是有解决的办法。而在这些办法中,对理性、科学特别是冷酷无情的决定论的拒绝,将发挥重大的作用。

至于人们是否真的受到了斯宾格勒的影响,还是人们不过是喜欢读他的书而已,这一点很难判断。纳粹党人接受了斯宾格勒那种复苏的文化的主题,反对现代性,但他们那种机会主义的方式却是斯宾格勒本人深恶痛绝的。没有哪位科学家会认真对待斯宾格勒的意见。斯宾格勒并没有要求建立一种新的科学——一种比旧科学更柔软、更温和、不那么规范的科学。事实上,他反对一切形式的科学。

福曼让我们相信,科学家拒绝决定论和因果律,信奉不确定性和概率论,把它们当作走向斯宾格勒列举的那种所有德国人都迷恋的思想的安慰剂。但他无法提供真正的证据证明这一点,只是断言不确定性的兴起符合时代要旨。爱因斯坦至少浏览过斯宾格勒的书,他在给玻恩的信中提到了他的阅读体验:“某人在晚上赞同他的建议……然后在早上对着它发笑……这种事情让人觉得很有趣,而且,如果明天有什么人刚好特别狂热地说些与它完全相反的话,那也会让人觉得很有趣,而到底什么是真实的，只有鬼才知道。”[6]玻尔声称自己发现的一些新奇想法“非常有趣”，以上说法可能是玻尔说法的爱因斯坦版本。

更重要的是，不确定性原理并不是在20世纪20年代中期突然兴起的。那时候，这一原理已经酝酿了十年甚至更久，它强迫内心不情愿的科学家接受自己。当概率论和不确定性原理在量子力学中取得中心地位的时候，这一幕的发生是有具体的、特定的原因的。这些原因并不是人们要对物理学理论的结构进行异想天开的改造，而是想要解决深层次的难题，这些难题多年来一直困扰着物理学家。

183

说量子力学完全是一份德国产品是不准确的。创造这一理论的领头羊是玻尔，一个有思想的丹麦人。他赞美德国科学，但并没有痴迷于德国文化和德国精神的傲慢符咒。关键性的贡献来自英国剑桥的狄拉克、身在哥本哈根的荷兰人克拉默斯、同为奥地利维也纳人的泡利和薛定谔，还有来自法国巴黎的贵族德布罗意。

同样，混乱的政治方针以及量子理论的先驱和批评者各自不同的性格也不完全合乎他们的科学信条。我们可以在反概率论者的阵营中找到纳粹的同情者如约翰尼斯·斯塔克、老派右翼分子如威廉·维恩、温和的保守分子如普朗克，以及明确的社会主义者如爱因斯坦，还有基本上对政治没有兴趣的薛定谔。后面两人或许是在个人生活上最反传统的物理学家，因此在这方面应该是与所谓的魏玛精神最为合拍的人；但在物理学方面，他们却率先呼吁重建旧秩序。与此同时，不确定性原理的发起人海森堡政治上传统、肤浅,个人生活上相当拘谨且胆怯。换句话说,他是个坚定的中产阶级。但在科学上,他愿意把形式上的严格性放到一边,让直觉引导前进的道路。泡利几乎是他的另一面。泡利并不追求名声,也不太在乎社交礼节;但他自己承认,他有时也会让谨慎和对未知事物的恐惧抑制自己的科学想象力。在去世前不久,泡利曾对一位采访者惋惜地说,尽管他认为在那些令人兴奋的日子里,他一直都是一位自由的思想家,但回首往事的时候他认识到,"我仍然是一位古典主义者,而不是一位革命家"[7]。

184

简而言之,这些是七巧板的碎片,并不能整齐地拼凑在一起。可以想象的是,德国在量子力学崛起中的重要性与这个国家出现的一种具有强烈数学色彩的理论有关,这种理论与19世纪英国数学物理学家那种更为实用主义的流派恰成对照。但我们不难找到看上去更变幻莫测而不是命定的原因。如果说有任何命定的早期事件的话,那么它就是索末菲对玻尔的原子内部电子轨道原始系统的迷恋。索末菲接着训练了泡利和海森堡以及其他许多人。相反,狄拉克在约十年之后去剑桥之前,甚至根本没有听说过玻尔的原子论。难道我们应该说,不是魏玛共和国的社会政治特点,而是老骑兵战士阿诺德·索末菲的特殊气质和兴趣让德国成为量子力学的诞生地吗?但随之而来的问题是,在如此多的物理学家对玻尔原子论感到困惑甚至抗拒的情况下,我们可以用什么样的心理因素、社会因素和政治因素来解释索末菲对这一理论的着迷呢?

换言之,对于不确定性原理在德国的出现,除了一个可以辨别的思想倾向之外,还存在着一个不可避免的偶然性因素。在这方面,科学史与人类的一般历史并无差别,除非如同斯宾格勒解释的那样,这一切全都是命运观念不可抗拒的力量的展开。

值得注意的是,假如非理性的力量没有推动科学家把不确定性原理引入物理学,那么不确定性这一观念至少很快被一位著名人物接受了,但他并非科学和逻辑的信奉者。仅仅在海森堡提出他的原理之后一两年,D. H. 劳伦斯(D. H. Lawrence)就写了这样一首小诗:

185

> 我喜欢相对论和量子理论,
> 因为我不懂它们。
> 它们让我感到,空间漂忽不定,如同天鹅翩飞,落定无门。
> 它不肯停下来接受测量,
> 而且好像原子也具有任性的灵魂,
> 改变它的主意,时时地地,无处追寻。

劳伦斯对任性大加赞扬,这一点远远超过了他对理智的关注。因此,科学家似乎搬起石头砸了自己的脚,这让他十分高兴。科学家试图通过一个完整的定律和规则体系来理解并预测世界,但这种尝试使自身陷入了困境。现在他们有了一批定律,说他们无法知道每一件事,说时间和空间不会符合他们的意愿。

至于斯宾格勒这样一个被他肩负的那些古代经文压得弯腰驼背、毫无生气的单身汉，劳伦斯无疑认定他是一条可怜虫，几乎不算是一个真正的人，而且不会对斯宾格勒精心炮制的过分理论化的历史体系产生多少共鸣。然而，在他们对科学的悲观看法中，这两个性格对立的人物之间产生了某种联系。斯宾格勒反对19世纪过分自负的智力决定论。劳伦斯谴责冷血无情的技术和工业世界，他（有理由）认为，这一世界是从英格兰的一个冷酷的产煤区发展起来的。[①] 对于他们来说，科学从不同的角度表现了某种惨无人道、夺人元气的东西，但这种东西现在被推翻了，或者至少开始腐烂了。

甚至科学家也不得不同意，完整的旧式决定论已经谢幕离去。玻恩这样说过，海森堡则扩充了这一点。但科学并没有如斯宾格勒和劳伦斯之流所希望的那样突然失去它对世界的解释能力。这正是以玻尔为代表的科学家立志解决的一个更为有趣的难题。玻尔的互补原理打算为科学家提供手段，以使他们继续理性地、始终如一地讨论他们的研究，尽管他们的学科的必要支撑之一已经出现了裂痕。

186

而这就是有关不确定性的问题似乎令科学界以外的许多人士都感到着迷、认为它重要的原因。科学受到致命的削弱了吗？无论如何它都会继续下去吗？（这一点似乎是大部分年轻物理

---

① 劳伦斯本人生于英格兰的产煤区诺丁汉，他父亲是位煤矿工人，他的作品往往也以产煤区为社会背景。——译者注

学家的希望,他们无忧无虑地相信,只要能够计算,就能跟以前一样从事科学工作。)或者说,科学将发生变革?如果是这样,那么将发生什么变革呢?

这些问题让诗人和哲学家感到着迷,但它们没有在从事科学工作的绝大多数物理学家的脑海中留下涟漪。不过一如既往,玻尔和爱因斯坦是例外。玻尔想要证明,尽管出现了不确定性的入侵,物理学将依然能够凭良知发展下去。爱因斯坦想要证明这种感觉将春风不再。他的袖子中还藏着一把撒手锏,一个说明量子力学并非终极真理的最后证明。

第十六章　能被明确解释的概率

187

爱因斯坦在普林斯顿永久定居之前，在欧洲徘徊了几个月，大部分时间都在比利时和英格兰境内。1933 年 6 月 10 日，他在牛津大学就他有关理论物理，尤其是量子力学方面的见解作了一次报告。他说，理论工作者必须密切注意观测证据和经验现象，但那只是第一步。在创建理论的过程中，科学家必须运用自己的想象力来组织事实，根据数学和逻辑的严格规则将这些事实凝聚为一个自洽的整体。当然，这也是他在多年前创造狭义和广义相对论时走过的路。

爱因斯坦说，他的指导原则是，他确信自然总是选择最简单的解决方式。他继续说道："因此，在某种意义上，我认为如同古人所梦想的那样，纯粹的思维有能力理解现实，这一点是真实的。"[1]但这可能导致一种危险的想法。爱因斯坦年轻时坚持认为，他的想象必定建立在仔细检查过的事实之上。现在，在年过

188

半百的时刻,爱因斯坦似乎在说,单靠与实际问题分离的直觉和理性分析便足以决定自然的法则。

科学理论中的简洁时常具有优雅或者优美的特征。这种审美上的正确性(无论你怎么称呼它),既是一种幻象,也是一种指引。玻尔对此也有自己的观点。他曾经说过:“我无法理解,如果一个理论并不真实,那么说它优美又有什么意义?”[2]

爱因斯坦在牛津说到了他对量子力学感到的不安。因为“纯粹的思维”告诉他,一个物理理论应该如何工作,而量子力学与之不符。爱因斯坦坚持认为,玻恩有关量子波的概率解释不会有比“昙花一现的幻影更为重大的意义”。一方面,他认为,在一个比量子力学更令人满意的理论中,物理事件将重新得到它们的传统客观性,不会仅仅被人视为概率的集合。另一方面,他也接受这一点,即根据海森堡的不确定性原理,人们无法对粒子的位置给出任何确定的、绝对的意义。为什么他会认为这两项相互矛盾的陈述有望共存呢?对此,他未加说明。

在普林斯顿定居之后,爱因斯坦继续挑量子力学的错。没有任何证据说明这门新物理学存在实际的缺陷,但内心深处有一个声音告诉他,这中间一定有什么特别重要的东西遗漏了。或许他愿意把这个声音说成是“上帝”的启示,在冥冥之中单独传给了他一个人。他过去听到过这个声音。但为什么这个声音这次让他出了错?

1935 年,他与普林斯顿的年轻同事鲍里斯·波多尔斯基(Boris Podolsky)和纳森·罗森(Nathan Rosen)合作,发表了他对

189

量子理论最后一次也是最著名的一次攻击:《能认为量子力学对物理实在的描述是完备的吗?》(“Can Quantum-Mechanical Description of Physical Reality Be Considered Complete?”)。[3]这篇论文在标题中这样问道。这个问题是个修辞型问句,根据爱因斯坦(E)、波多尔斯基(P)和罗森(R)的观点,答案很清楚地是“不能”。

EPR论证是对爱因斯坦在1927年第五次索尔维会议上的担忧进行的一次详细论述。爱因斯坦抓住了玻尔的一个断言,即一个量子波函数只能描述某个粒子在一个地方或另一个地方的概率。爱因斯坦说:这一点确实很清楚,但在某个地方,概率必定会成为确定性。在他选择的一个例子中,一个电子击中一个屏幕时,它必定会到达某个特定位置。而当电子到达的时候,量子波一定不会把它描述为能够以某种方式在整个屏幕上同时变化的事物吧?

当时似乎没有人能看出他指的是什么。这一论证确实很模糊,带有形而上学的意味。但爱因斯坦、波多尔斯基和罗森现在声称,他们已经让这一反对意见变得非常具体,把它转变成一个明确的、可以证明的问题。他们认为,他们可以一语中的地指出量子力学是怎样背离常识的。

首先,以真正的爱因斯坦的风格,他们需要绝对清楚地指出这里的常识究竟是什么。他们宣布,任何可以接受的理论都必须讨论他们称之为“物理实在要素”的东西。在这里,他们指的是位置、动量这些传统的数值,按照悠久的历史习惯,物理学家将它们视为有关物质世界的信息的无可争辩的组成部分。

很好——但实际上又是什么组成了物理实在要素的呢？这从来都不是一个科学家会担心的问题。于是，爱因斯坦和他的同事们又提出了一个正式的定义。这是一个根据每个人观点的不同而变得非常著名抑或臭名昭著的定义。他们说：如果"在不干扰一个系统的情况下，我们可以准确预测……一个物理量的值，那么便存在着一个与这个物理量对应的物理实在的要素"。

190

例如，考虑某个电子的位置或者动量。如果能在不影响电子路径或随后的行为的情况下，确定任意一种性质，那么你便有权声称，电子的位置或者动量是个确定的事实，是个不可否定的数据。换言之，它就是一个物理实在要素。

在以他们喜欢的方式设定了论证之后，爱因斯坦和他的同事们接着证明了量子力学是怎样陷入麻烦的。他们想象了两个具有同一来源而向相反方向高速飞去的粒子。它们的速度相等，因此一旦人们测出了其中一个的位置或者动量，便自动知道了另一个的位置或者动量。

他们承认，对其中一个粒子进行测量的那位观察者将陷入不确定性原理规定的境况中。他会像不确定性原理规定的那样，要么测得粒子的动量但丢失了位置的数据，要么反之。但现在，爱因斯坦、波多尔斯基和罗森拿出了他们的制胜王牌。他们的方案的要点是，对一个粒子的任何观察都会告诉人们有关另一个粒子的某些信息，而奇怪的事情就在这里开始出现了。

测量第一个粒子的位置，于是你立即就知道了第二个粒子的位置，尽管你并没有朝第二个粒子的方向看去。或者可以测量第一个粒子的动量，于是也就知道了第二个粒子的动量，且同样也不需要看第二个粒子。作者热切地得出了结论：这便意味着，第二个粒子的位置和动量必定也是“物理实在要素”。因为这些性质可以在不干扰文中提到的粒子的情况下被确定，它们必定是明确的、早已存在的数值。他们辩称：对第一个粒子进行的测量，不可能直到那时才令第二个粒子出现因量子迷雾而形成的特征，因为实际上在第二个粒子身上并没有发生任何事情。

191

他们继续声称，其中更重要的含义是，海森堡大受吹捧的不确定性原理其实并不意味着物理性质在测量前便在本质上具有不确定的性质。情况其实是，粒子具有确定的性质，而不确定性原理只不过承认，量子力学无法完全描述这些性质。这便意味着，爱因斯坦和他的年轻合作者们得出了结论（正如爱因斯坦很早以前便坚持认为的那样）：量子力学并没有覆盖全部的内容，它只不过是个部分理论，是一个对潜在的物理真理的不完全描述。

在哥本哈根，据玻尔的助手莱昂·罗森菲尔德（Léon Rosenfeld）回忆：“这一锤重击就像晴天霹雳一般打在我们身上，所有的一切都暂时搁置了，我们必须立即澄清这个误解。”[4]玻尔本人说，这篇文章“说理透彻，具有不可否认的说服力，在物理学家中造成了混乱”[5]。薛定谔为爱因斯坦的最后一次出手干预鼓掌叫好，但其他人更多的是感到厌倦而不是着迷。泡利在给海森堡的信中写道，EPR 的文章是“一个灾难”，尽管他也很大度地承认,如果有一位青年学生拿出这样一篇文章请他过目,他定会认为这位学生"相当有智慧,很有前途"。

泡利催促海森堡对此作出回应,并考虑自己是否也应该"浪费笔墨"尝试将情况拨乱反正。[6]事实上,当《纽约时报》以《爱因斯坦攻击量子理论》为题发表一篇文章的时候,该报记者便发现,一位美国物理学家指出了文中的一个大麻烦。爱德华·康登(Edward Condon)指出:"当然,文中的大量论证依赖于人们将给'实在'这个词赋予何种含义。"[7]

192

海森堡写好了一份答辩,但他听说玻尔也在写一篇回应文章,便决定暂不发表,把老教宗权威还给玻尔,让他就教义问题发表见解。(毫不令人吃惊的是,玻尔许多年后声称,无论如何,海森堡原来准备发表的答辩是无法服人的。[8])

玻尔自然准备花上一番水磨工夫来写他的文章。他和助手罗森菲尔德一起解析了EPR的论文,逐个地反复推敲他们的驳论。有时候,玻尔会在令人身心俱疲的讨论中停下来提问:"这些可能意味着什么?你明不明白这一点?"[9]玻尔以他自己的方式写下了草稿,然后重写,然后再次返工。在经过不遗余力的反复推敲之后,玻尔写成了对EPR的回应。文章于五个月之后发表,展示了这位丹麦大师令人尴尬的啰唆和激怒人的最佳本领。玻尔说,这篇文章的中心要点是:虽然爱因斯坦和他同事的形而上学论据对人的思维富有滋养之效,但他们并没有找到击败不确定性原理的实际方法。即使在EPR设置的场景中,人们实际上也无法同时推论出哪怕一个粒子的位置和动量,无论通过直接还是间接的方法。从任何实际的意义来说，海森堡的原理仍旧牢不可破。

玻尔解释道：相反，EPR 的论证是以物理实在的某种定义开始的，并由此试图证明量子力学没有获得这一定义。我们或者可以引用玻尔的原话："这一明显的矛盾事实上只不过揭露了，在对某些物理现象的理性解释中，自然哲学的习惯观点中存在一个基本的缺陷。这类物理现象就是我们在量子力学中关注的那种。"[10]把这段话翻译成容易理解的文字，它的意思就是：爱因斯坦、波多尔斯基和罗森使用了一种不恰当的标准来测试量子力学，结果不出所料，他们发现量子力学无法达标。

另一方面，在 EPR 实验中似乎也出现了一件好笑的事情，而玻尔谨慎地没有明确说出这究竟可能是什么。他特别避免进行任何暗示，说人们对第一个粒子的测量可能会以某种方式造成第二个粒子的性质瞬时取得适当值。相反，他写下了一个著名的晦涩句子："本质上存在一个影响那些条件的问题，而正是那些条件决定了对体系未来行为所作预测的可能类型。"这段话的意思似乎是，如果任何有关观察者选择测量什么的工作还没有进行，那么它就会影响粒子随后揭示自己的方式。

至于爱因斯坦等人对量子力学的不完备指责，玻尔承认观察者无法得到经典物理学家想要的那么多信息。但他坚持认为，尽管如此，量子力学仍旧提供了"对测量的所有可能的清晰解释的理性运用，这些测量与量子理论领域中的物体和测量仪器之间有限的、不可控的互动兼容"。再次转译，玻尔的意思是：

193

量子力学所给予的就是人们能够得到的一切。

大约十五年后,在一段为一部纪念文集所写的文字中,玻尔总结了他与爱因斯坦之间意见交流的情况。他至少认为,他还可以写得更加清楚一些。在谈到写给 EPR 的回应文章时他写道:“在重新阅读这些段落的时候,我深深地感到这种表达缺乏效率,它必定会让人们难以看清这些辩论想要表达的立场……”[11],换作他人,在表达同一个意思的时候或许会写成“难以理解”,但玻尔,甚至当他想要直接说的时候,也无法避免踮起脚尖谨慎走路的习惯,总要在句子结束前尽其所能地加入更多的间接表达。

显然,指出 EPR 的论证中有哪些错误要比找到一个清楚的方式分析这些错误容易。在一个少见的平铺直叙的陈述中,玻尔认为,量子力学需要“最终抛弃经典的因果律观点”[12]。但如果放弃了经典因果律和物理实在,物理学家又该如何思考呢?对于这一问题,玻尔本人也没有清楚的答案,只是推荐了他的互补原理的哲学,这实际上意味着接受矛盾而不是试图解决矛盾。

194

尽管如此,当爱因斯坦回应玻尔后来对他们争论的总结时,他也只能表示,他一直难以理解“玻尔的互补原理。然而,尽管我花了很大的精力,还是不能理解这一原理的确切表述”[13]。有关这一点,他与觉得玻尔令人费解的物理学家中的“沉默的大多数”有同感。但是,大多数人并不对别人表达他们的关切。他们发现,使用量子力学,但并不陷入对物理实在本质的哲学担忧,这一点并没有那么难。

爱因斯坦并未被玻尔说服，他对海森堡、泡利和其他人表现出的不感兴趣或者敌意感到气馁。薛定谔是唯一赞同他的观点的通信者。于是，爱因斯坦致信薛定谔，详细解释了他对量子力学的关注。在其中一封信中，他设想了有人设置一枚炸弹的情况。这枚炸弹将在某种无法预测的量子事件发生的时刻被引爆。爱因斯坦提出疑问：如果说，人们难以抓住某种量子状态的含义，这种状态与这一事件发生的概率和不发生的概率相联系，那么，设想一个以某种方式表现一枚炸弹既爆炸又不爆炸的状态又有何意义呢？

后来，1935 年，薛定谔在他发表的一篇综述文章中借用了爱因斯坦的想法，但进行了著名的修改。爱因斯坦的炸弹变成了薛定谔的猫。这个可怜的生物无奈地坐在一个封闭的盒子里，盒子里还有一小份放射性物质样品和一个与一柄锤子相连的盖格计数器。薛定谔设定了一小时的时间。在这段时间里，上述放射性物质的样品将有 50% 的概率发生衰变。如果衰变发生，则盖格计数器会记录这一事件，并激活电子开关，使锤子下落，砸碎一个装有剧毒物品的小玻璃瓶，杀死这只猫。在这个过程中，人们必定可以用量子力学的方式把这些放射性原子描述为两个相等的部分，一部分保持原样，另一部分将发生衰变，因为它们本就包含两种可能性。但接着薛定谔又坚持认为，那只生命与这些原子紧密相关的猫也可以用量子力学的语言得到描述，因为它也由两部分组成，一部分是活猫，另一部分是死猫。这肯定是一派胡言，对不对？

195

按照阅读者本人有关量子力学的观点，薛定谔的猫这一论证要么是一个深刻的问题，要么不过是一个具有误导意义的令人发狂的见解，这种状况更甚于 EPR 的论证。到了这个时候，人们已经深刻地认识到，如果他们决定用实验手段寻找电子，那么任何一个原子内的电子的薛定谔波都能获得这个电子在一个地方或另一个地方出现的概率。但崇尚哥本哈根思想的那些人坚持认为，这种说法与下面这种说法并非完全等价：在一种实在的意义上，电子既处于一个位置，又处于另一个位置。与此类似，他们会说，薛定谔有关“一半为生、一半为死的猫”的说法是对语言的错误应用。量子描述说的是，当人们打开盒子察看猫的状况时，它可能是死的，也可能是活的，概率相等，各为 50%。但这并不意味着实际存在着猫的半生半死状态。

问题一直都出在将量子的概率描述转换为对结果的经典描述上面。自玻尔在科摩会议上演讲以来，他便同意，观察者在决定如何做出这种转换时具有某种自由。但他坚持认为，经验和常识能为人们提供实际指导。在这种情况下，这种说法意味着，以量子的方式描述一只整猫并非不合法，但这当然于事无补，而且也不合情理。为什么会有人想要这样做呢？本质上，玻尔的论点是，根据经验，科学家知道，被测电子必然会在一个地方或者另一个地方；同样，接受测试的猫要么已死，要么还活着。因此，这样的问题有什么意义呢？为什么要在人们尚未观察这只猫之前用一种自相矛盾的语言来描述它实际上不可能存在的状态呢？

196

当然,爱因斯坦和薛定谔认为,没有抓住问题关键的是玻尔。1936 年春,薛定谔在伦敦与玻尔短暂相逢,随后他向爱因斯坦转达了玻尔的观点。玻尔以谨慎又迷人的方式谈到,某些批评者以如此锲而不舍的方式反对量子力学,这实在是一种“可怕”的“叛逆大罪”[14]。玻尔的异议当然是有所指的。玻尔认为,爱因斯坦和薛定谔正在试图把他们对量子力学的看法强加于人,而不是认真倾听量子力学到底说了些什么。玻尔曾在另一个场合强有力地指出:“认为物理学的任务是发现自然是什么的观点是错误的。物理学的任务是:关于自然,我们能够说些什么。”[15]维特根斯坦(Ludwig Wittgenstein)曾在他的《逻辑哲学论》(*Tractatus Logico-Philosophicus*)的结尾提出了这样的著名陈述:“凡是不可说的,则必须保持沉默。”玻尔的话与之相去不远,尽管没有证据表明玻尔拜读过这一简洁的格言式著作。

平心而论,薛定谔的猫的哀怨呜呜确实让物理学家注意到一个关键问题。一个不确定的量子状态如何为一个经典问题提供答案？对这一谜团的一个回应声称,其中需要人为干预:只有当观察者察看这只猫的时候,才能清楚地知道它究竟是死还是活。这一出奇有名的对量子事件的解释却无成功的希望。电子在原子内部的跃迁与放射性元素的原子核衰变,是两个明显遵守量子不确定性原理的过程,无论观察者有没有注意到。

197

按照玻尔一直以来的意见,担心这类事情毫无必要。凭借长期经验,物理学家完全知道什么时候发生了测量过程。实际上,这只猫置身于状况之外。对于大多数情愿不那么深挖根源的物理学家来说,这已经足够了。海森堡曾在20世纪30年代初告诉玻尔:"我已经不再关心那些基础问题了,这些问题对于我来说实在太难了。"[16]而在1955年,海森堡在苏格兰的圣安德鲁斯大学(University of St. Andrews in Scotland)发表了一系列演讲,他至此基本上同意玻尔的建议,并坚定地说:"我不能也不应该用其他任何概念替换这些概念。"[17]

许多年间,海森堡的上述态度是物理学家的标准态度。担忧来自量子力学的形而上学问题和诠释性问题,被视为一种低级的、不光彩的行为。但在1964年,物理学家约翰·贝尔(John Bell)发现了一种精妙又简单的方法,可以就EPR论证做一个虽困难但可行的实验。[18]他证明,如果将量子力学判定的情况称为情况A,将EPR文中对"物理实在要素"的定义假定为真时将会出现的情况称为情况B,则在对排布恰当的粒子对进行重复测试之后,可以在情况A与情况B之间发现可测量的差别。大约二十年后,这些技术上要求极高的测试终于可以进行,人们证实,量子力学是完全正确的。爱因斯坦对物理实在的内在感觉指引他走上了歧途。

但人们并没有完全厘清整个争论。玻尔的论证最终说的是,讨论一个处于奇怪的半生半死状态的量子猫的做法是愚蠢的。然而,薛定谔坚持认为,只要人们愿意,在正式的量子理论中,没有任何东西可以禁止他们考虑量子猫一类的东西;除非有人理解此时发生了什么,否则便无法声称他知道量子力学是如何发生作用的。人们无法像玻尔希望的那样轻松排除这些困

198

难。爱因斯坦也同意薛定谔的意见。

这一难题最近在理论和实验两方面的进展,为它的解决带来了曙光。与一个电子不同,一只猫并不是一个基本粒子。猫身上有无数原子和电子,它们并非安静地处于某种单一的量子态中。19 世纪气体动力学理论的支持者都知道,它们跳来跳去,相互影响。从理论的角度看,谈论一只猫的量子态就意味着准确地说明,在某一确定的时刻,这只猫身上的每个单一的原子和电子的确切状态,以及这些状态以无法想象的速率从一个状态向另一个状态变化的情况。因此,一只猫的量子态是一个变幻无常、难以捉摸的东西。

与此同时,在实验方面,物理学家已经发明了能让一批原子保持真正的、固定不变的量子态的方法。但这种方法只能应用于少数几个原子,而且只能维持很短的时间。这些状态在它们能够维持的时间内表现出了真正的量子行为。

这里的要点是,按照现代的思维,薛定谔有关一只猫的量子态的讨论过于圆滑肤浅。只有当一只猫身上的所有原子都保持一个单一的固定的量子态时,人们才有可能谈论半死半生的量子猫的问题。但在真实情况下,猫身上的原子那种无穷无尽、深不可测的复杂的相互作用足以保证,根本不存在这样一种量子态。即使有这样的状态,那也只能存在于完全无法抓住的一瞬间。因此,我们所能观察到的猫的性质,就只能是在其内部的量子态不断发生各种变化的情况下,仍然固定不变的那些。因此,这种观点认为,那些固定的性质正是我们视之为"经典的"猫所具有的属性,例如它已经死去了,或者还活着。

但是,假如薛定谔在认为讨论一只猫的量子态有意义这一点上错了,那么,玻尔认为人们可以讨论但讨论是荒谬的这一点也错了。事实上,一只猫的量子态是一个比他们两人的理解都要微妙的概念。尽管如此,玻尔的直觉告诉他,真正的猫不会以量子的方式表现出来,他的这种想法或许更接近真理。尽管一如往常,他没有令人信服的论据说明为什么情况应该如此。

因此,无论如何,概率都没有消失,当盒子打开的时候,薛定谔的猫仍然有一半的概率是活着的。除此之外,一切都在未定之天。而这一点就是最终让爱因斯坦纠结的问题,也就是物理结果最终确实是不可预测的。一方面,当今那些像爱因斯坦一样有这种忧虑的物理学家无法摆脱这种感觉:一定有什么东西缺失了。而且,他们也会像爱因斯坦、波多尔斯基和罗森一样,认为量子力学肯定是不完备的。但另一方面,还没有实验发现量子力学本身的任何缺陷,而且也没有哪位理论家拿出了一套比它更好的理论。

第十七章　逻辑学与物理学之间的无人区

200

保罗·狄拉克曾经注意到，哲学“只是一种讨论已经发现的东西的方式”[1]。这一点抓住了大多数物理学家对哲学家的敌意，他们对那些试图告诉他们理论意味着什么的哲学家殊无好感，对那些胆敢告诉他们该如何进行研究的哲学家的观感更差。然而，海森堡在晚年发表了一项评论，大意是玻尔本质上更像是一位哲学家而非物理学家。[2]这意味着一种批评，还是说只是他个人的观察，这一点很难说。至于海森堡本人，他曾在青少年时期与那些觅路人兄弟进行过有关存在论的大量漫谈，但这种青春激情过后，他基本上对尝试建立一个有用的量子世界的哲学毫无兴趣。

但玻尔与其他物理学家不一样。数学能力不算太强的玻尔沿着概念、原理与不解之谜组成的网络前进，这在典型的物理学家看来有些像哲学。海森堡在接受诺贝尔奖的讲话中，向他过

201

去的导师表示感谢,并直言量子力学是“通过进一步完善玻尔的主张,从而将他的对应原理扩展为一个完整的数学体系”而发展起来的。对应原理是量子理论与经典物理平稳连接必需的理念,而对于海森堡来说,这只是一个广泛的哲学断言,需要用定量的数学形式描述,从而得出一个真正的理论。与此类似,玻尔的另一个重大原理是互补原理,它认为波与粒子行为相互矛盾但同等必要;对于海森堡而言,这大体上也是个哲学理念,有时候能为物理问题指出思路。但对于玻尔来说,出于本性,他认为这些原理是第一性的。尤其是互补原理,成了他的执念,而且玻尔开始认为这一原理无所不在,越来越具有宏大的形式。

在量子力学的先驱中,几乎只有玻尔一个人愿意且非常愿意就概率和不确定性的更大意义发表文章,谈论自己的看法,并猜测物理学家的思维变化会如何影响其他学科。当爱因斯坦写到或谈到这些广泛的课题时,他当然是希望控制它们的有害影响,而不是任其扩大。

1932 年,玻尔参加了在哥本哈根举行的一次有关用光疗法治疗各种病症的研讨会。[3]他在会上发表了题为“光与生命”(“Light and Life”)的讲话。几年后,他在一次纪念意大利科学家路易吉·伽伐尼(Luigi Galvani,曾于 18 世纪末对青蛙的腿部肌肉施加低压电流使之抽搐)的会上讨论“生物学与原子物理”。1938 年,他又以“自然哲学与人类文化”(“Natural Philosophy and Human Cultures”)为题对人类学家和人种学家发表讲话。在每次这类讲话中他都依例先道歉,说他不过是个物理学家,却要在这里讨论一些超出他专业知识的问题。但随后他便会不管不顾地侃侃而谈。

202

他向与会人员介绍了他的重要理念——互补原理，简单解释了这一原理如何解决了光的波与粒子描述之间的冲突。物理学现在教会人们，不同的观察会导致不同的甚至相矛盾的科学图景，而他则力劝听众将这一原理视为一切科学家都应该考虑的一课。他说，例如，说到生命的时候，人们可以把一个有机体设想为一个具有杂乱联系的分子集合，它们按照基本的物理定律执行力学任务；或者把这个生命体视为一个功能整体，具有我们称之为意志和目的的属性。他说，这些都是互补的观点，不只是因为它们提供了不同的看法，还因为它们不可能同时维持。他争辩道：如果人们想把生命理解为一个复杂的机械装置，那么就必须把一个有机体拆分成一个个的分子，看看这些分子是如何工作的，但在这样做的时候，他们将无法看到作为整体的有机体的生命的质量。然而，另一方面，如果人们想系统地研究完整的生命，那么就不可能逐个梳理每一个单一的分子。

说完这些，玻尔一下子给出了一个戏剧性的断言："目的概念与机械分析基本无关，但它可以在生物学中得到某种运用。"[4]他说，互补原理意味着，目的可以作为整个有机体的一个性质而存在，即使它对理解分子过程和生物化学并无作用。当然，从科学角度来说，任何有关目的从何而来的问题都不合规则。而当玻尔把它应用于有关物理实在的本性的问题时，这种对问题的回避让爱因斯坦觉得气恼。

在心理学上，玻尔认为，互补原理带来的启示与我们同时是理性和情感的造物这一事实有关。我们可以以冷静的心态运用逻辑方法进行分析；同时，我们也可以根据自己的感觉和情绪进行选择，而这些并不能用理性解释。这两件事情都是同一个大脑做出的决定。而且，尽管在那个时候，玻尔并没有一个可以与我们的理性和情感能力相联系的大脑功能的模型，但他显然相信，互补原理让逻辑与非逻辑的想法产生于同一个来源成为可能。

203

玻尔的这些论证究竟是他的真实意思，还是只是一种比喻，这一点并不明确。而且，如果有人追问，他也很可能会微笑着回答说：真实的意义和比喻是语言中互补的方面，任何时候都必须牢记这一点。据卢瑟福说，玻尔曾经说过："一旦你就任何一件事情得到了一个确切的陈述，那你便违背了互补原理。"[5]有人或许会认为，玻尔一直在以牺牲自己为代价跟人们开一个具有讽刺意味的玩笑。这种想法很让人神往，但可能性不大。

玻尔就越来越广泛的主题说着越来越让人捉摸不透的话。他决心不用直接或简洁的表达方式，这似乎是一种恐惧或心理焦虑在作祟。其他物理学家大都带着令人悲伤的困惑摇摇头。与任何伟大科学家一样，玻尔赢得了稍微放纵一下的权利。爱因斯坦也是如此。但在大多数情况下，爱因斯坦至少会尝试只讨论物理学的特定问题，并清楚地说明他的反对意见，尽管已经没有多少人继续认真地对待他的意见了。玻尔生活在他自己的世界中。尽管那些生物学家、心理学家、人类学家以及其他学科的听众无疑因为这样一位伟大的物理学家到场而感到光荣，而且对他的深奥评论心生好感，但很难找到证据说明玻尔的观点对物理学以外的学科产生了较大影响。

同时，无论物理学家喜欢与否，专业哲学家几乎不可能不注意到，有些奇怪的想法通过量子论的先驱注入了物理学。不确定性原理进入物理学的时候，正是哲学家自身处于客观的不确定状态的时刻，他们在自己的研究究竟有何意义这一点上出现了分歧，分裂为不同的阵营。他们对一般意义上的量子力学，特别是海森堡的不确定性原理的看法，也分裂成不同的思想阵营。

204

尽管在原子的实在性的争战中不幸落败，但实证主义思想并未全军覆没，而且事实上，他们在成为逻辑实证主义学派后变得更加雄心勃勃。这一学派的大本营是 20 世纪 20 年代的维也纳学派（Vienna Circle）。逻辑实证主义者提出了为科学本身构建一种哲学算法的计划。从经验事实和数据出发，他们的系统将证明如何创造严格有效的理论，这些理论能承受住最严酷的哲学分析。如果科学能在逻辑性方面万无一失，则其信用度将不会再受到任何质疑。

恩斯特·马赫和较为年长一些的实证主义者相信，理论只不过是可测现象的定量关系的系统，它们并未指出通往自然的内在真理的道路。笼统地说，逻辑实证主义者也有这种想法，但他们认为，即便科学无法启发深层次的意义，也至少有望取得可靠性。而这就意味着，科学的语言必须以纯粹的、可证实的逻辑方式呈现。这一时期的实证主义者的著作中充斥着大量正式的符号逻辑和数学概率的方程,这一点令人印象深刻。这样做的目的是要说服读者,确实存在着一种计算方法,利用它可以得出结论:就其解释现有数据的能力来说,理论 A 比理论 B 的可信度高 $x\%$ 。而且,如果有某个新数据 D 出现,则人们可以继续向前推动机械的轮子,检验数据 D 对理论 A 的证明是否强于对理论 B 的证明。

当然,这与科学家实际上从事何种工作没有什么关系。但205 这一点似乎不是问题的重点。科学家将继续以他们盲目的、本能的、试探的方式发明理论、进行实验,而哲学家如同裁判员。但事实证明,裁判员的规则手册并不像它的作者认为的那样万无一失。维也纳学派一位名叫卡尔·亨佩尔(Carl Hempel)的成员提出了一个棘手的问题。亨佩尔说:假定你的理论是所有乌鸦都是黑色的,那么找到一只任何其他颜色的乌鸦都证明你的理论是错误的,这一点不言自明;而每找到一只确实是黑色的乌鸦就能为这一理论增加一分支持。但这时出现了一个逻辑上的奇特现象。所有乌鸦都是黑色的,这一陈述必定暗含着任何不是黑色的东西都不可能是乌鸦这层意思。于是,亨佩尔提出,找到任何不是黑色也不是乌鸦的东西,如白色的大象、蓝色的月亮、红色的鲱鱼等,都意味着对黑色乌鸦论的一点儿支持。这在逻辑上或许是不可避免的,但这看上去与任何类似科学的东西都有很大的差距。

同样严重的是,从某种意义上说,作为 19 世纪决定论思想的一种运用,逻辑实证主义正好是在物理学家在他们的学科中抛弃决定论时开始其事业的。当发明一种冒牌的科学方法这一哲学目标即将寿终正寝时,不确定性原理出现了。

有些哲学家已经相信,寻找对自然的客观叙述是一种妄想。他们把海森堡的不确定性原理当作是科学已经确认了这种怀疑的一个证据。因此,再从科学理论与所谓的事实世界之间的联系的角度去争论科学理论的意义,就没有什么意义了。相反,有意思的是考虑科学家如何就他们的理论取得共识,他们受到了哪种信念或偏见的引导,科学界如何微妙地坚持了常识,等等。这类研究在脱离哲学之后继续发展,现在的名字是社会科学。 206 这种思想的一个例子是保罗·福曼的断言:不确定性原理来自对魏玛德国的状况的政治反应,几乎与物理学本身的任何沉闷问题毫无关系。

另一方面,在更为传统的哲学家中间,认为对物理世界的理性解释是个合理目标的信念还继续存在。对于这类人而言,不确定性原理的到来的确不是什么好消息。卡尔·波普尔(Karl Popper)在他 1934 年出版的《科学发现的逻辑》(*The Logic of Scientific Discovery*)一书中热情地放弃了逻辑实证主义者证实理论的野心,引入了现在众所周知的观点,即理论只能被证伪。他认为,理论变得越可信,它们通过的测试就越多,但无论它们多么有效,在一些新实验面前,仍然有可能被证伪。理论永远无法得到必定正确的任何保证。科学为自然勾画了一个越来越完整的图像,但如果存在真实的证据,甚至连人们最珍视的科学定律也会被人抛弃。

因为波普尔如此重视检验理论的能力，所以他不得不声称，实验总能给出前后一致的、客观可靠的答案。在某种根深蒂固的程度上，理论或许是不可靠的，但经验科学一定是值得信任的。而在这里，他在海森堡原理上撞上了麻烦，因为该原理认为，对某个量子系统进行的所有可能的测试的总和并不一定会产生一套前后一致的结果。为了让他的哲学分析奏效，波普尔相信他需要一个传统因果律的理念，即某种行为总是能用一种完全可预测的方式产生某种结果。波普尔对量子力学的反应很简单：海森堡肯定是错误的。

或者不如说，这就是他在德语原版的《科学发现的逻辑》一书中所说的话。他为自己大胆使用哲学方法来处理物理学问题表达了一些歉意，但他又说，因为物理学家自己不得不闯入哲学领域，因此他有理由认为，或许可以在"逻辑学与物理学之间的无人区"[6]找到一个答案。

207

波普尔提出了一个暧昧的断言：即使有可能做出一个否定不确定性原理的实验，量子力学可能还是正确的。而他恰恰设计了这样一个实验。他是在EPR论文出现前一年完成这一设计的。直到1959年，他的《科学发现的逻辑》才出了英译本，而这个时候，这本书在其附录中增加了一封来自爱因斯坦的信件的抄件。信中说，他也希望能躲开量子力学令人不快的暗示，但波普尔提出的实验无法成功达到这一目的。尽管如此，波普尔还是在书中加上了这一附录，其中爱因斯坦出于各种原因继续论证道,海森堡的不确定性原理不可能是物理学家认定的铁律。

在少有的重视物理学家意见的当代哲学家中,其中一个是莫里茨·石里克(Moritz Schlick)。在成为维也纳学派的创始人之前,他曾在马克斯·普朗克的指导下获得博士学位。石里克与海森堡通信,态度很诚恳,他希望得知不确定性原理的真切含义。1931 年,他写了一篇题为《当代物理因果论》(“Causality in Contemporary Physics”)的介绍性文章。他在文章中指出,世界并没有因此而不复存在。[7]他剖析了经典的因果论,得出的结论是:与其说这是一个准确的逻辑原理,毋宁说这是一个科学家的指导思想或者信念,他们以此作为建立理论的指南。

石里克指出,不确定性原理的意义是,它只是部分动摇了科学家的预测能力。在量子力学中,一个事件或许会导致各种不同的结果,每个结果都有可计算的概率。但即便如此,物理学还是由关于事件顺序的规则组成的,即某一事件的发生为另一事件的发生准备条件,然后,根据前一事件的结果,更多可能性开始出现。石里克认为,这是一个基于因果联系的描述,只不过这里的因果律带有或然性。某些事情可以自发产生,这一事实并不意味着任何过去的事情都可以在任何时候发生。事情仍旧有规可循。

208

石里克的解释提供了一种哲学上的妥协,它与玻尔倡导的哥本哈根精神具有相似的精神实质。石里克分析的优点在于,它为物理学怎样才能继续发挥作用提供了一个不严格的原理阐述。

但是,绝大多数哲学家认为,“不严格”是不够的。今天那些有胆量就量子力学的专业问题写出意见的人,大多数似乎想让含混不清的哥本哈根解释完全消失。戴维・玻姆(David Bohm)曾于20世纪50年代对量子力学作出了一种替代解释,声称要通过所谓的隐变量重新确立决定论。[8]这批人对这种解释极为喜爱。隐变量带有关于量子粒子的附加信息,而在诸如EPR文章中设计的思想实验一类例子中,它们能预先确定测量会出现的结果。但问题是,隐变量一直是隐藏着的。玻姆的系统有意遮蔽了决定论,以至于没有任何实验能够否定不确定性原理,或者梳理那些允许观察者得到比标准的量子力学允许得到的还要多的额外信息。有些哲学家声称他们发现这种情况令人极为满意,尽管他们(就像玻尔和互补性一样)无法解释为什么会如此。爱因斯坦和很多人一样,对玻姆人为改写量子力学不感兴趣。他在给马克斯・玻恩的信中写道:“我认为那种方式太低级了。”[9]

209　几十年间,哲学家、历史学家和社会学家写下了大量关于量子力学的著作,其中尤以关于不确定性原理的最多,但大部分都没有说到点子上。大多数历史学家和社会学家喜欢讨论哥本哈根解释的阴谋来源,喜欢讨论玻尔和他的追随者向易受影响的科学家听众强行灌输不易理解的理念的行径。没有几个哲学家会像石里克那样接受量子力学的实际价值,并以此评价它的优点和面临的困难。他们似乎认定这一理论具有不言而喻的荒谬性,然后便立即转向别处寻找替代理论。

与此同时,对这些哲学难题一无所知的物理学家却可以不受其困扰,愉快地继续使用和应用量子力学,而且发现量子力学非常有效。可以肯定的是,其中一些物理学家会沿着爱因斯坦的足迹。他们坚持认为,一项本质上以概率论为核心的有关自然的理论不会是终极真理。但这样的科学家通常并不寻找任何新的方式来解释标准的量子力学。他们想要改变这一理论,以修正他们看到的遗漏和谬误。除了声称物理学应该带有旧时代的实在论的几分性质这一基本思想之外,哲学态度在他们的努力中几乎无足轻重。

在自己的研究工作中应用量子力学的物理学家是沉默的大多数,他们的头脑中完全没有出现有关这一理论的诠释问题和哲学问题,这一点自 20 世纪 20 年代起便是事实。在 19 世纪晚期,那些受过德国传统教育的科学家有这样一种感觉,即当理论物理学向前发展的时候,它应该同时发展出一门与之相匹配的哲学。现在,大多数物理学家都在盎格鲁 - 撒克逊风格的影响下长大,远离柏拉图和康德,并对哲学家如何看待他们的理论有一种挑衅似的漠不关心。

第十八章　最终归于混沌

210

如果说，玻尔神圣的互补原理未能征服物理学，在科学界之外几乎也没有激起什么涟漪的话，那么，海森堡看上去矛盾却准确的不确定性原理在知识界名人中的地位则引人注目。在2003年萨达姆·侯赛因(Saddam Hussein)被推翻后出现的混乱中，为了解释记者们为什么会把这样一个大新闻弄错，一位目光独到的社论主笔召唤出了海森堡。他说，目光紧盯着部队的记者们自然会注意到种种问题——被损毁的坦克、食物和燃料的短缺、当地人对他们的敌意、军队内部的交流失灵，然后从这些直接困难推导出整个行动将会失败。但这位评论员称，不确定性原理注定了“媒体对战争中各个单独事件的观测越准确，观察者对整个战争的全局感觉便越模糊”[1]。换言之，一叶障目不见泰山：你越是专注于细节，就越是把握不住整体。（这种说法似乎更接近于互补原理而不是不确定性原理，不过没有关系。）

211

实际上，新闻界的每日报道，特别是那些来自某个战区的报道往往是琐碎的、不完整的、前后矛盾的，而真正重要的宏观图像往往在细节中丢失了。但是，难道我们真的需要请出海森堡来帮助我们认识这一点吗？至少有两条古老陈旧的原则，似乎正好可以用在这个地方：其一，新闻报道是历史的第一份粗糙草稿；其二，有的时候，人们会只见树木而不见森林。它们可跟量子力学毫无干系。

文学解构主义者也对不确定性原理崇拜有加。他们坚持认为，文本没有绝对的或内在的意义，而只能通过被阅读的行为本身取得意义。因此，这段文字可能因为阅读者的不同而具有不同的意义。就好比在量子测量中，结果来自于观察者与被观察事物之间的相互作用；于是，我们也被要求去考虑，某些文学作品的意义确实是通过读者与作品之间的互动而产生的，而在这个方程中，作者自然是不存在的。

在《纽约书评》(*The New York Review of Books*)的一篇文章中，戈尔·维达尔(Gore Vidal)嘲笑了那些文学理论家，称他们求助于“公式和图表，其结果无疑取得了在课堂上借助于黑板和粉笔进行教学的效果。因为嫉妒物理学家擦去一半象征着权威的定理，英语老师们现在投入了一场竞赛，竞相写下自己的定理和理论”[2]。他尤其谈到了某个知识流派的批评家，喜欢拿海森堡“扰乱文化的著名原理”为自己的公理辩护。文学批评家们似乎意图开展一项半个世纪之前逻辑实证主义者未能成功的运动。实证主义者想让科学哲学本身成为科学，而这些批评家想把判断小说优劣的美学工作转变为一种严谨的分析练习。

维达尔说不确定性原理“扰乱文化”,一位精通物理学的读者对此提出了异议。这位读者抗议说,海森堡的陈述是有关某种测量的科学定理,任何超出这一规定范围所进行的扩展应用都是愚蠢的。然而维达尔并没有错。无论物理学家喜欢与否,海森堡原理的影响已经远远超出了科学界,并造成了文化上的混乱。这与不确定性原理在广泛的学术研究领域是否有真正的意义无关,而与这一点有关:对于一类想法和猜测来说,海森堡已经成了试金石,象征着权威。

电视连续剧《白宫风云》(*The West Wing*)[3]让人们戏剧性地欣赏到了那些处于华盛顿政坛最高层的人的花言巧语和敏捷思维。在其中一集中,一组更具小说性(超小说?)的摄制人员为一个有关白宫生活的纪录片拍摄片段。这是一个令人满意的后现代演习:一组真正的摄制人员在记录一批假冒的电影摄制人员,后者在拍摄一批虚构人员的表演,目的是在虚构的世界中制造一个真正非虚构的影片。

当故事发展到某一时刻的时候,看不见的电影制片人正在与白宫新闻秘书 C. J. 克莱格(C. J. Cregg)一起等待,看他们能否想办法进入一个高级会议的会场,与会人员包括总统和联邦调查局局长。电影制片人问克莱格,迄今为止,这一天是不是典型的一天。

“是,但也不是。”克莱格回答。

“因为我们在这里?”

213

“我不需要告诉你关于海森堡原理的事情。”

“观察某种现象的行为改变了现象本身?”

“是的。”克莱格说,然后他们急急忙忙地走进了会场。

在这个插曲中,人们一直在小声地交谈,躲避着镜头,挤在安静的角落里,全都是为了避免干扰那些冒充的纪录片摄制者。在人们的注视下施展政治阴谋是非常困难的,这一点很容易理解。在某个私人场合放上几架摄影机,人们的表现会变得有些古怪。在婚礼上为人们照相的人,或者为家庭聚会拍摄家庭电影的人都不会对此感到吃惊。但为什么要把海森堡拖进来呢?

这些例子都包含一个共同的观点:不存在绝对真理,你看见的东西会根据你正在寻找的东西而发生改变,故事取决于谁在听、谁在看、谁在表演和谁在说话。这里至少与海森堡关于测量的看法存在着一种比喻性的联系。在这种意义上,如果我们必须为折磨现代思想的相对主义(即如社会学家更喜欢说的那样,没有一个人的说法比其他人的说法“更具权威性”;所有观点都具有同等的效力)而责备某个人的话,那么我们或许更应该责备海森堡而不是爱因斯坦。相对论是有关空间和时间的科学理论,它确实提出,不同观察者将以不同的方式看待事件。但它也提供了一个框架,依据这个框架,这些不同的观点可以得到调和,从而形成一个前后一致而且客观的解释。相对论并没有否认绝对事实的存在。否认绝对事实这件事是不确定性原理干的。

但即使在物理学范围内,不确定性原理也不是始终适用的。

214
玻尔的互补原理的要点在于帮助物理学家处理真实世界中的明显事实,这个世界就是观察和现象的世界,是我们生活于其中的世界。这个要点似乎相当可靠,尽管所有事实都处于量子力学的古怪的不确定状态下。如果海森堡的原理没有经常进入普通物理学家的头脑,那么它对新闻学、批判性的文艺理论或者电视剧本写作的重要性又如何体现呢?

我们已经知道,人们在镜头面前会表现得不自然,他们会把同一个故事以不同的方式告诉一位报社记者或一个朋友。我们知道,一位偶然踏入某个遥远村庄的文化人类学家将成为人们关注的焦点,但他很难看到当地人跟平时一样的表现。我们还知道,一首诗、一部小说或者一部音乐作品并不会对所有读者或所有聆听者呈现出同样的含义。

以海森堡的名字命名的符咒不会让这些老生常谈变得更容易理解,其简单原因就在于,它们起初就非常容易理解。显然,让人着迷的是科学知识与其他形式的知识之间具有的表面上的联系,一种潜在的共性。我们以这种迂回的方式回到了 D. H. 劳伦斯对相对论和量子力学的嘲讽上,即他之所以喜欢它们,正是因为它们在表面上钝化了科学客观性和真理的尖锐棱角。即使我们不能成为像劳伦斯那样有智慧的门外汉,也能在这里看到吸引人的东西。或许,在后海森堡时代的世界中,科学的认知方式不会像它曾经看上去的那么令人生畏。

当不确定性原理被推到科学界之外的时候,让人们警惕的正是人类对完美的科学知识、严格的决定论和绝对的因果律的

传统渴望。看来,拉普拉斯关于完美预测性的理想——如果你准
215
确地知道现在,就能彻底预测未来——让人类成了无助的机器。想一想马克思和恩格斯以及科学社会主义,想一想他们有关人类历史将按照不可阻挡的法则发展的断言,想一想优生学运动和它精心炮制的有关人类将通过强制选择而不是自然选择进行改进的宣言。奥斯瓦德·斯宾格勒和 D. H. 劳伦斯这类反对技术统治论的思想家的叛乱并不总是有充分的理由,但它来自一种对科学的过度扩张的恐惧,这种恐惧强大且并非完全没有道理。

正如我们所见,即使在科学决定论发展到登峰造极之时,它也不像看上去的那样可以横扫一切。早在海森堡出生前便已经引入物理学的统计推理方法让完美的预测不再触手可及。就在这时,机敏的观察者亨利·亚当斯看到了人们刚刚获得的科学能力如此令人动容,如此令人恐惧。他在那时便开始担心,这种能力可能会瞬间瓦解,化为乌有。《亨利·亚当斯的教育》一书的作者在该书接近结尾的时候写道:"他发现自己置身于一片过去从未有人进入的土地。在那里,秩序是一种与自然相悖的偶然关系;运动受到了人为的限制;宇宙的一切自由能力都厌恶这个国度;而这个国度只不过是暂时的一瞬,它很快便会自行解体,最终回归无秩序状态。"[4]

伴随着这种知识的冲突,在亚当斯完成他的回忆录数十年之后,量子力学中不确定性原理的出现为两方面都提供了一定程度的保证。它在严格的经典决定论的坟头上立下一块墓碑,

同时,它没有在任何具有深远影响的意义上破坏科学。它提出,尽管科学具有神奇的力量和广阔的研究范围,但也是有其限度的。毕竟,不带情感的理性不能取代所有其他知识形式。

海森堡的不确定性原理的吸引力就在于此。它并没有使新闻界或者人类学或者文学批评科学化。它只是告诉我们,如同我们对生活于其中的日常世界的一般性的、非正式的理解一样,科学知识也可以是既理性又偶然、既有目的性又原因不明的。科学真理是强有力的,但并不是万能的。 216

亚当斯对无序的担心过分夸张了。引人注目的是,物理学家还在继续研究物理学,并没有因为他们的学科被概率论和不确定性污染而感到巨大的形而上学不安。他们在大多数情况下都避免接触有关量子力学的意义这一深刻问题。正如约翰·贝尔和他的同事迈克尔·瑙恩博格(Michael Nauenberg)有一次精妙地表达的那样:"典型的物理学家感到,这些问题早就有人解答过了,而且,如果某天他能够省出20分钟考虑这些问题,那么就能完全理解这些答案。"[5]

玻尔推荐的做法是,开始时对此不要想得过多。他坚持认为,诸如量子世界究竟是什么样的这类问题没有什么意义。因为任何这类尝试都必然意味着试图用人们熟悉的方式,也就是说用经典的方式描述量子世界,而这只不过是复述原来的问题而已。玻尔认为,用经典的语言表达量子真理必定是一个带有妥协性的努力,但这是我们能够作出的最成功的努力。

一个人不必成为爱因斯坦也能发现,这种状况不仅不令人满意,而且还与真正的科学精神对立。科学在什么地方说过,有些问题不能问,有些课题不可以接触?

的确,过去数百年间的科学进步已经见证了它的无情扩张,科学侵入了人们过去认为自然哲学家不可进入的领地。在19世纪后半叶到来之前,有关太阳和地球的起源问题属于神学家的研究范畴。但之后,科学家在他们有关能量和热力学知识的武装下一举吞并了这个领域。今天,物理学家写了大量关于宇宙自身起源的深奥难解的论文。在处理那个重大事件的时候,这些物理学家必须同时努力解决引力、粒子物理和量子力学方面的问题,但迄今为止并没有一种统一的理论可以处理他们所面临的困难。以广义相对论形式出现的引力在形式上还保持着它的经典本质,还具有光滑、连续的性质,并在空间和时间直至无穷小的尺度上遵守因果律。量子力学则一直在发展,从离散和不连续走向不确定性。而在宇宙大爆炸问题上,这两种思维方式发生了碰撞。

217

当物理学家试图重构宇宙的起源时,他们至今都没有建立引力的量子理论引导自己。尽管如此,看上去宇宙的诞生必然是一个量子事件。因此,就连我们自己的存在都最终取决于这样一个令人感到棘手的问题:神出鬼没的量子嬗变是怎样造就那些在我们看来实实在在、可以触摸的现象的。

如果玻尔的观点是,这样的问题永远得不到令人满意的明确表述,更不要说回答了,那么他似乎就是在说,探索宇宙的起源超出了科学的范围。对于今天的物理学家来说,这是完全无法接受的。

今天,高端的理论物理杂志上有许多将量子力学与引力相结合的尝试。这些建议涉及建立在超引力、超弦、额外时空维度以及其他许多理念上的玄奥理论。如今人们讨论的是 M 理论和膜理论。这是很少有人能懂的令人敬畏的数学结构,它们是否存在还无法完全肯定,并且人们还无法证明,它们能否完成人们赋予它们的使命。

218

这样的努力大多聚焦于这个问题的微观方面。也就是说,物理学家想要一个能以量子力学的方式描述两个基本粒子之间的引力相互作用的理论。这也是一个有关空间、时间和因果律的理论。这个理论包括一个约定,对于爱因斯坦来说,这也是一个基本原理,即引力的影响也与其他物理作用一样,无法以超过光的速度从一个地方向另一个地方伸展。

这就是为什么爱因斯坦会坚定地认为,EPR 式的实验深刻地说明了量子力学不可能正确,因为在这种情况下,似乎存在着某种神秘莫测但又瞬间发生的变化将两个粒子的行为联系在了一起,无论它们在相距多远的两个地方飞行。与很多有关量子力学的奇特现象一样,这种令人不安的远程联系产生的原因是无法避免的不确定性。因为对第一个粒子的测量结果无法完全预测,而第二个粒子必然会以某种方式与第一个粒子保持联系,只有这样才能让对它的测量与对第一个粒子的观察保持一致。

于是,不确定性以我们能够在个别基本粒子上发现的那种方式，不仅在最为微观的尺度上动摇了旧秩序，还以因果律和概率在跨越无尽空间所造就的联系上表现出它在整个宇宙范围内的动摇能力。人们推测，一个真实的引力量子理论将弄清楚所有这些难题。

但在这个博弈阶段，不确定性似乎不会在一个引力的量子理论中黯然谢幕而去。一切证据都表明，它还会继续存在。即便如拉普拉斯侯爵希望的那样，人类能以现有的知识推导过去和将来的完整状况，科学也不可能重返昔日的绝对决定论。

从宇宙学的角度出发，这可能是一件好事。拉普拉斯式的宇宙不会有诞生的时刻，因为任何物理条件在逻辑上都必然由某些过去的状况引起，并且周而复始，直至无穷。任何独立自存的现象都不可能发生。

219

但量子宇宙与此不同。自玛丽·居里对放射性衰变的自发性感到疑惑的那一刻起，自卢瑟福向玻尔提问，是什么让电子从一个地方跃迁至另一个地方的那一刻起，人们便开始意识到，从根本上说，量子事件的发生完全没有原因。

于是我们陷入了一个僵局。经典物理无法解释宇宙诞生的原因，因为任何事件都不可能发生，除非之前的事件令其发生。量子物理也无法解释宇宙诞生的原因，只能说它就这样诞生了，是自发的，是一种概率，而完全没有确定性。换言之，当爱因斯坦抱怨量子力学只能对物理世界进行不完备的描述时，他是对的。但或许玻尔更为正确，因为他坚信，这种不完备不仅是不可避免的，而且还是必需的。我们得出了一个玻尔会喜爱的悖论：

只有通过量子力学的不确定性的一个初始的、无法解释的行为，我们的宇宙才得以形成，并引起了一连串导致我们出现在今天这个舞台上的事件，让我们思考是什么样的原初动力导致了我们的存在。

后　记

220

1954 年，就在爱因斯坦去世的前一年，海森堡在普林斯顿拜访了他，但两人只在一起共处了几个小时。老人的身体明显有些虚弱。他已经 75 岁高龄了，几年前还被查出体内有一个腹部动脉瘤，并且一直在缓慢扩散。手术的风险太大，爱因斯坦认为试图逃避必不可免的结局没有任何意义。他曾经罹患贫血症，但现已恢复。当海森堡到来的时候，他们一起礼貌地闲聊。他们没有提到那场战争，有关量子力学也谈得不多。爱因斯坦告诉他的来访者：“我不喜欢你的那种物理学。虽然它是前后一致的，但我不喜欢它。”[1]

战争让他们本来便不和睦的关系进一步疏远了。当然，爱因斯坦在致罗斯福总统的那封著名信件上签过名，其中勾画了制造原子弹的可能性，但他并没有参与设计或者制造原子弹。玻尔曾待在德军占领的哥本哈根，直到英国皇家空军致命的轰

221

炸让他不得不逃离。尽管他撰写过有关核裂变的著作，但他只在曼哈顿计划中扮演了一个间接的角色。

在此期间，海森堡一直留在德国。他曾于1941年对玻尔进行了一次灾难性的访问，这使得两人之间的友谊彻底破裂了。这件事也是迈克尔·弗雷恩撰写苦涩、伤感的话剧《哥本哈根》的关键原因。德国人有某种利用核能的计划。海森堡曾参与这一计划，或许他还就某些相关物理学问题试探过玻尔的口风。

据玻尔的妻子说，玻尔与海森堡之间总是有某种冷漠感，某种距离感。她说她的丈夫与海森堡有过一些尴尬的时刻，“但在两人中间玻尔是一个讨人喜欢的人……他是你说的那种有教养的人。我的意思是，在这方面他举止优雅，让人愉快。但他与海森堡之间有一些不和谐”。[2]他一直是个羞涩、拘谨、规规矩矩的人，从来不对任何人特别热情。狄拉克这样一个完全不善于社交的人觉得玻尔很容易相处，认为暴躁的泡利有些令人敬畏，但和海森堡在一起的时候他总觉得有点儿不舒服。

德国的战时核计划取得了或者企图取得什么样的成果，这一点一直都不是特别清楚。这个国家耗尽了资源，包括智力资源，因为有这么多在这里出生、成长的物理学家不得不亡命天涯。海森堡无疑是理论物理学界最伟大的创新者和概念创造师之一，但他不是那种从事实验核物理的研究人员或工程师。他似乎从来都没弄清楚一枚原子弹是如何工作的，还认为或许需要1吨金属铀。后来，这一点以令人讨厌的方式转换成了这样一个故事，说德国人（尤其是海森堡）对制造原子弹没有道德上的抵触,甚至在这件事的可行性方面有意误导他们的政治领袖。海森堡从来没有正面这样说过。但他也从来没有正面否定过这种说法。

战后有许多物理学家回避海森堡。玻尔至少试图亲切地与他来往。海森堡逐渐回到了科学界,最后担任了位于慕尼黑的马克斯·普朗克研究所的所长。那时爱因斯坦早已去世了。泡利于 1958 年突然去世。玻尔于 1962 年辞世。1976 年,海森堡在慕尼黑与世长辞。

致　谢

多年来,许多作者都对量子力学的历史进行过详细的梳理,其细致程度远非我所能比。我自己对这一历史的阐述也在很大程度上依赖他们所做的工作。我尤为感谢亚伯拉罕·派斯(Abraham Pais)和戴维·卡西迪(David Cassidy)。当然,在我对这一历史的叙述中,他们和其他作者对其中的错误都没有任何责任。

在为撰写本书所做的研究中,我大量使用了位于马里兰州大学公园市(College Park)的美国物理学会(American Institute of Physics)下属的物理学历史中心(Center for History of Physics)的尼尔斯·玻尔图书馆中的资料。没有这些资料,本书的写作是不可能完成的。我在此衷心感谢该图书馆那些永远乐于助人的工作人员。我还要深深地感谢国会图书馆(Library of Congress)、马里兰大学(University of Maryland)图书馆、乔治·梅森大学

(George Mason University)图书馆以及美国国立历史博物馆(National Museum of American History)的史密森尼学会迪布纳科技术历史图书馆(Smithsonian's Dibner Library of the History of Science and Technology)。我可以很容易地进入这些图书馆并得到十分有益的帮助。(我要感谢玛丽·乔·拉尊(Mary Jo Lazun)。由于她的好意,我才得以进入史密森尼学会迪布纳科技历史图书馆。)

我曾与波士顿大学(Boston University)的艾伯纳·西莫尼(Abner Shimony)就EPR论文进行过一次愉快又极富启发意义的谈话。拉尔夫·卡恩(Ralph Cahn)在某些德语资料的翻译方面给我提供了帮助。

在我开始写作本书之前,我的经纪人苏珊·拉比纳(Susan Rabiner)鼓励(或许也可以说是逼迫)我更清楚地写下这本书。与以往一样,没有她的帮助,这一计划将永远无法开始。双日出版社(Doubleday)的查理·康拉德(Charlie Conrad)是本书的编辑,他的锐利目光使得这本书更为短小精悍、更为敏锐、目的性更强。我真切地对上述二人表示感谢。

感谢佩吉·狄龙(Peggy Dillon)在精神上给予我的支持,特别是在这一项目初期的那些不确定的日子里。

注　释

225

我不打算给正文中每一处零星信息作注解。本书中人物的生活和工作的细节通常来自我在参考书目中援引的书籍,相对不那么重要的人物的情况则来自 C. C. 吉利斯皮(C. C. Gillispie)主编的《科学家传记辞典》(*Dictionary of Scientific Biography*)。

为了理解量子理论的产生,我大量依赖参考书目中列出的亚伯拉罕·派斯所著的三部书。卡西迪的《海森堡传》和德累斯顿的《克拉默斯传》也十分有用;同样十分有用的是范·德·瓦尔登(van der Waerden)为他所编纂的重要论文合集写的长篇前言。我对梅拉(Mehra)和雷切伯格(Rechenberg)的多卷本史书所用不多,唯一原因在于它对学术细节探讨得过于深入,超过了我撰写本书的需要。

AHQP 系列访谈是价值无可估量的口头历史记录,是量子力学史档(Archives for the History of Quantum Physics)的一部分。AHQP 是美国哲学学会(American Philosophical Society)和美国物理学会(American Physical Society)始于 1960 年的一个联合项目(更多详情

226

可参看 www. amphilsoc. org/library/guides/ahqp)，我在位于马里兰州大学公园市的美国物理学会下属的物理学历史中心的尼尔斯·玻尔图书馆中参考了这些访谈的文字整理稿。绝大多数 AHQP 面谈都是以英语进行的，即使对于那些来自非英语国家的接受面谈者也不例外，因此偶尔会出现文字上的不妥之处。

在正文援引的评论中，只要情况允许，我都会尽力找到德语原文；因此，我的翻译有时候会与在其他地方发表的英语版本略有不同。

Bohr, *CW* 指《玻尔选集》(Bohr, *Collected Works*)。

227

第一章　恼人的粒子

1. "活字典"这一评论来自未来的北极探险家爱德华·巴里(Edward Parry)，由帕特里克·欧布莱恩(Patrick O'Brian)在 *Joseph Banks: A Life* (Chicago: University of Chicago Press, 1987)第 300 页中引用。
2. N. Barlow, ed., *The Autobiography of Charles Darwin* (London: Collins, 1958), 103–4.
3. 我在此处将布朗的话与他在两篇著名论文[*Philosophical Magazine* 4 (1828): 161 and 6 (1829): 161]中观察到的现象放到了一起。
4. 列文虎克致亨利·奥登伯格的信，后者是皇家学会的秘书，Sept. 7, 1674, in C. Dobell, ed., *Antony van Leeuwenhoek and His "Little Animals"* (New York: Dover, 1960), 111.
5. 此处引文来自 George Eliot, *Middlemarch*, ch. 17; Nelson 2001, 9.
6. See J. Delsaulx, *Monthly Microscopical Journal* 18 (1877): 1; and J. Thirion, *Revue des Questions Scientifiques* 7 (1880): 43.
7. L.-G. Gouy, *Comptes Rendus* 109 (1889): 102.

第二章　熵一直在努力走向最大值

1. L. -G. Gouy, *Comptes Rendus* 109 (1889): 102.
2. 拉普拉斯的著名陈述,来自他 1812 年的 *Théorie Analytique des Probabilités*, 可参见 J. H. Weaver, ed., *The World of Physics* (New York: Simon & Schuster, 1987), vol. 1, 582.
3. Lindley, 212; 这一评论是玻尔兹曼对 E. 策梅洛的批评的回应。
4. A. Einstein, *Annalen der Physik* 17 (1905): 549.
5. Adams, 431.

第三章　一个谜:一个令人震惊的深刻主题

1. Adams, 381.
2. Pais 1986, 55, 引自居里夫妇和 G. 贝蒙特 1898 年的一篇文章。
3. Quinn, 159, 引自居里夫妇在 1900 年巴黎国际物理学会议上作的报告。
4. From the Rutherford collection at Cambridge University Library, MS. Add. 7653:PA. 296.
5. E. Rutherford and F. Soddy, *Philosophical Magazine* 4 (1902): 370 and 569.
6. A. Debierne, *Annales de Physique* 4 (1915): 323; 一份类似的建议: F. A. Lindemann, *Philosophical Magazine* 30 (1915): 560.

第四章　一个电子会如何做出决定

1. J. Franck AHQP interview.
2. 玻尔当时在剑桥的情况见 AHQP 对尼尔斯·玻尔和玛格丽特·玻尔的访谈:Bohr's letters in Bohr, *CW*, vol. 1; and Pais 1986, 194 –95. 228
3. E. de Andrade, *Rutherford and the Nature of the Atom* (New York:

Doubleday, 1964), 11. 这些时常被人引用的话语据说来自卢瑟福的一次演讲,但没有更多的细节透露。据伊夫(Eve)在《卢瑟福传》197 页中的论述,卢瑟福曾做过步枪子弹被纸反弹的比较。

4. Bohr AHQP interview.
5. Bohr, *CW*, vol. 2, 136.
6. 瑞利勋爵对他儿子 R. J. 斯特拉特说的话,见 Strutt, *Life of John William Strutt, Third Baron Rayleigh* (Madison: University of Wisconsin Press, 1968), 357.
7. Rutherford to Bohr, March 20, 1913, Bohr, *CW*, vol. 2, 583.
8. Pais 1991, 191, 引自爱因斯坦 1916 年写的一篇论文。爱因斯坦在这里分析的这个简单的思想实验极其富有成效。在这篇论文中他也证明,除了原子在激发态下的光辐射具有自发性质之外,必定同样存在着一种所谓受激辐射,在这一过程中,一个原子发射一个光量子的概率因相同频率的外界辐射的存在而增加。半个世纪之后,这一观察结果成为微波激射器和激光的理论基础。
9. Einstein to Born, Jan. 27, 1920, Born, Born and Einstein, *Briefwechsel*.

第五章 闻所未闻的勇气

1. Harald to Niels Bohr, autumn 1913, Bohr, *CW*, vol. 1, 567.
2. 这一条以及玻尔的评论来自 Landé's AHQP interview.

229

3. Sommerfeld to Bohr, Oct. 4, 1913, Bohr, *CW*, vol. 2, 603.
4. Pais 1991, 165, 来自一次 1961 年进行的不在 AHQP 中的访谈。
5. Heisenberg 1989, 40.
6. Bohr to Sommerfeld, March 19, 1916, Bohr, *CW*, vol. 2, 603.
7. Rutherford Memorial Lecture 1958, Bohr, *CW*, vol. 10, 415.
8. Bohr to Rutherford, Dec. 27, 1917, Bohr, *CW*, vol. 3, 682.

9. Eve, 304.

10. Heilbron, 88.

11. Pais 1991, 88, 引自普朗克 1910 年写的一篇论文。

12. Millikan, *Physical Review* 8 (1916): 355; 引文分别来自 388 页和 383 页.

第六章 无知并非成功的保障

1. Von Meyenn and Shucking; 评论来自泡利致卡尔·荣格的信(1953 年 3 月 31 日)。

2. Heisenberg AHQP interview.

3. 这是泡利广为人知的一个雅号,恩兹(Enz)和其他许多人曾叙述过此事;我无法确定谁是这一雅号的发明人。

4. Heisenberg 1971, 8.

5. Sommerfeld to J. von Gietler, Jan. 14, 1919; quoted by Enz, 49.

6. 索末菲给他的《原子结构和光谱线》(Braunschweig: F. Vieweg and Sohn, 1919)第一版写的序言。 230

7. Heisenberg 1971, 24, and AHQP interview.

8. Heisenberg AHQP interview.

9. Heisenberg 1971, 26.

10. Heisenberg 1989, 108.

11. Cassidy 1992, 13.

12. 有关海森堡在慕尼黑的幼年生活,见 Heisenberg 1971, ch. 2, and AHQP interview.

13. Heisenberg 1971, 1.

14. 来自约翰·E. 伍兹(John E. Woods)最近翻译的《浮士德博士》(New York: Vintage International, 1999)第 14 章。

15. Heisenberg 1971, 16.

16. Heisenberg 1971, 29.

17. Landé AHQP interview.

18. Sommerfeld to Einstein, Jan. 11, 1922, Einstein and Sommerfeld, *Briefwechsel*.

19. Heisenberg AHQP interview.

第七章　怎么能高兴得起来

1. Einstein to Bohr, May 2, 1920; Bohr to Einstein, June 20, 1920; Bohr, *CW*, vol. 3, 634.

231 2. Heisenberg 1971, 38 – 39.

3. Pais 1986, 247, 引自 H. A. 克拉默斯和 H. 霍尔斯特(H. Holst) 所著的一本书,随后是他自己的评论;Segrè, 125.

4. Cassidy 1992, 130; 来自海森堡写给他父母的一封信。

5. Born to Einstein, Nov. 29, 1921, Born, Born, and Einstein, *Briefwechsel.*

6. Born AHQP interview.

7. Born 1968, 30.

8. Born AHQP interview.

9. 同上。

10. Heisenberg AHQP interview.

11. Pauli, Science 103 (1946): 213.

12. Heisenberg 1971, 35.

第八章　我情愿当一个修鞋匠

1. *New York Times*, Nov. 7 and 16, 1923.

2. A. H. Compton, *Physical Review* 21 (1923): 483.

3. Heisenberg AHQP interview.

4. 人们时常引用的评论;see Enz, 36. 232

5. Dresden, 292.

6. Pais 1991, 235.

7. From the BKS paper, included in van der Waerden.

8. Pais 1991,引言。

9. Rosenfeld AHQP interview.

10. Pauli to Bohr, Oct. 2, 1924, Bohr, *CW*, vol. 5, 418.

11. Einstein to Born, April 29, 1924, Born, Born, and Einstein, *Briefwechsel*.

12. Born AHQP interview.

13. Pauli to Bohr, Feb. 21, 1924, Pauli, *Briefwechsel*.

第九章 有什么事情发生了

1. Heisenberg AHQP interview.

2. 论文《量子力学》被收录于范·德·瓦尔登所编的论文合集中。

3. Pais 1991, 261, quoting a letter from Rutherford to Bohr, July 18, 1924.

4. Pauli to R. Kronig, May 21, 1925, in Pauli, *Briefwechsel*. 具有讽刺意味的是,泡利发出这一叹惋的时间差不多就是他在物理学上取得最大成绩的时刻。在进一步考虑了朗德和海森堡对某些原子跃迁发明的半量子数之后,泡利得出结论:它必定对应着电子本身的某种模糊性或二值性。他事实上提出了一个第四量子数,它是电子的内在性质,而不是电子轨道的性质,这种第四量子数可以选择两个数 233 值中的一个。泡利随之得出了著名的不相容原理,根据这一原理,一个原子中的每个电子都可以由唯一的一套四个量子数确定,因此没有任何两个电子可以处于同一状态。此后不久,S. 古德斯密特(S. Goudsmit)和G. 乌伦贝克(G. Uhlenbeck)把泡利的双值性解释为电子的自旋,将它与任何电子可以具有的轨道角动量相比时都可以取半整数值。通过这种迂回曲折的方式,人们发现,海森堡的半整数量子其实与实际情况相去不远。

5. F. C. Hoyt AHQP interview.
6. Heisenberg AHQP interview.
7. 同上。
8. Pauli to Bohr, Feb. 11, 1924, Pauli, *Briefwechsel*.
9. Heisenberg 1958, 39.
10. 这一有关海森堡在黑尔戈兰岛上逗留的细节和其他细节主要来自他的 AHQP 访谈。
11. 这是玻尔在他的 AHQP 访谈中关于海森堡说过的话的回忆。
12. Heisenberg to Pauli, July 9, 1925, Pauli, *Briefwechsel*.
13. Born to Einstein, July 15, 1925, Born, Born, and Einstein, *Briefwechsel*.
14. Heisenberg to Bohr, Aug. 31, 1925, Bohr, *CW*, vol. 5, 366.
15. Heisenberg, *Zeitschrift für Physik* 33 (1925): 879, translated in van der Waerden.
16. Pauli to R. Kronig, Oct. 9, 1925, Pauli, *Briefwechsel*.
17. Einstein to Ehrenfest, Sept. 20, 1925, quoted by Dresden, 51.

234

第十章 旧体系的灵魂

1. Moore, 187, 引用了爱因斯坦给朗之万的一封信, 他在其中说: “他(德布罗意)掀开了大幕的一角。”但 *Schleier* 也有大气阴霾的意思，而动词 *lüften* 或许更应该当作“驱散”来解释，因此我给出了如上意译。

2. Moore, 187, 引自 1926 年薛定谔的一篇论文。
3. Moore, 191; 该评论来自赫尔曼·外尔。
4. Einstein to Schrödinger, April 16 and 26, 1926, Przibram.
5. Born 1978, 218.
6. Born AHQP interview.
7. Pauli to Kronig, Oct. 9, 1925, Pauli, *Briefwechsel*.
8. Heisenberg to Pauli, Oct. 12, 1925, ibid.
9. Heisenberg to Pauli, Nov. 3, 1925, ibid.
10. Schrödinger, *Annalen der Physik* 79 (1926): 735.
11. Cassidy 1992, 213, 引自索末菲 1927 年写的一篇论文。
12. Heisenberg 1971, 72.
13. Sommerfeld to Pauli, July 26, 1926, Pauli, *Briefwechsel*.

235

第十一章　我倾向于放弃决定论

1. Heisenberg 1989, 110.
2. Born 1978, 212; Pais 1991, 297.
3. Mostly from Heisenberg 1971, ch. 5.
4. 同上，第 63 页。
5. Einstein to Sommerfeld, Aug. 21, 1926, in Einstein and Sommerfeld, *Briefwechsel*.
6. Frank, 113.
7. Heisenberg to Pauli, June 8, 1926, Pauli, *Briefwechsel*.
8. Heisenberg AHQP interview.
9. Born AHQP interview.

10. Born, *Zeitschrift für Physik* 37 (1927): 863.
11. Einstein to Born, Dec. 4, 1926, Born, Born, and Einstein, *Briefwechsel*. "真货"是我对爱因斯坦的话 *der wahre Jakob* 的翻译,这种说法至今还在德国的某些地区使用。这可能指的是一个圣经故事,其中雅各(Jacob)假扮成他的兄弟以扫(Esau),希望以此得到他们双目失明的老父亲以撒(Issac)的祝福。
12. See Heisenberg's recollection in Rozental and in Heisenberg 1971, ch. 6.

236

13. Einstein to Sommerfeld, Nov. 28, 1926, in Einstein and Sommerfeld, *Briefwechsel*.

第十二章 我们找不到对应的词

1. Moore, 228, 引自薛定谔写给维恩的一封信(1926 年 10 月 21 日)。
2. Pais 1991, 295.
3. Dirac AHQP interview.
4. Pais 1991, 295.
5. 特别参见海森堡在罗森塔尔(Rozental)所编著作中的描述。
6. Heisenberg AHQP interview.
7. Pauli to Heisenberg, Oct. 19, 1926, Pauli, *Briefwechsel*.
8. Heisenberg AHQP interview.
9. Heisenberg to Pauli, May 16, 1927, Pauli, *Briefwechsel*.
10. Cassidy 1992, 226; Pais 1991, 304; Beller, 69 and 109.

第十三章 玻尔可怕的咒语连篇

1. *Nature* 121 (1928), supp.: 579 (editorial comment) and 580 (Bohr). Reprinted in Bohr, *CW*, vol. 6, 52.

2. Pais 1982, 404, 引自爱因斯坦1909年写的一篇文章。

3. Marage and Wallenborn, 154.

237

4. Pais 1991, 318, 引自奥托·施特恩的回忆文章。

5. Ibid.; 来自玻尔手书的笔记。

6. 玻尔的回忆录是为希尔普丛书(The Schilpp volume)撰写的,并重印于Bohr, *Atomic Physics and Human knowledge.* New York: Science Editions, 1961.

7. Ehrenfest to Goudsmit, Uhlenbeck, and Dieke, Nov. 3, 1927, Bohr, *CW*, vol. 6, 38 (English), 415 (German).

8. Dirac in Holton and Elkana, 84.

9. Dirac AHQP interview.

10. Einstein to Schrödinger, May 31, 1928, Przibram.

第十四章　现在我们赢了这场游戏

1. Gamow, 54 – 55.

2. Bohr in Schilpp, 224.

3. Rosenfeld AHQP interview.

4. Heisenberg AHQP interview.

5. Born 1968, 37.

6. Heilbron, 154.

7. Fölsing, 668, 引自爱因斯坦写给F.哈伯的一封信(1933年3月8日)。

8. Rosenfeld AHQP interview.

第十五章　生活经验而非科学经验

238

1. K. Compton, *Nature* 139 (1937): 238.

2. 此处及其后的评论引自福曼。

3. Gay, 79.
4. Spengler, vol. 1, 25.
5. 同上,第 117 页。
6. Einstein to Born, Jan. 27, 1920, Born, Born, and Einstein, *Briefwechsel*.
7. Mehra and Rechenberg, vol. 1, xxiv.

第十六章 能被明确解释的概率

1. 爱因斯坦的评论来自他题为《理论物理学方法》(*The Method of Theoretical Physics*, New York: Oxford University Press, 1933)的报告。据一份介绍性注释称,这篇报告是用德语写成之后在一些牛津物理学家的帮助下翻译成英语的,但并不是十分简练。我在这里没有使用比较生硬的 competent to comprehend the real,而是借用了弗尔辛(Fölsing)的英语翻译第 674 页中的 capable of comprehending reality。
2. Rosenfeld in Rozental, 117.
3. A. Einstein, B. Podolsky, and N. Rosen, *Physical Review* 47 (1935): 777; reprinted in Toulmin.
4. Rosenfeld in Rozental, 128.
5. Bohr in Schilpp, 232.
6. Pauli to Heisenberg, June 15, 1935, Pauli, *Briefwechsel*. 239
7. E. U. Condon quoted in *The New York Times*, May 4, 1935.
8. Bohr AHQP interview.
9. Rosenfeld in Rozental, 129.
10. *Physical Review* 48 (1935): 696.
11. Bohr in Schilpp, 234.
12. 来自玻尔对 EPR 的回应, *Physical Review* 48 (1935): 696.
13. Einstein in Schilpp, 674.

14. Moore, 314, 引自薛定谔写给爱因斯坦的一封信(1936年3月23日)。
15. Peterson.
16. Cassidy 1992, 290, 引自海森堡写给玻尔的一封信(1931年7月27日)。
17. Heisenberg 1958, 44.
18. 宣布了贝尔的重要定理的论文最初发表于1964年,是贝尔的第二篇论文。

第十七章　逻辑学与物理学之间的无人区

1. Dirac AHQP interview.
2. Heisenberg in Rozental, 95.
3. 此处及以下讲话收录在 Bohr, *Atomic Physics and Human Knouledge*. New York: Science Editions, 1961. 240
4. 来自"光与生命"讲话。
5. Rosenfeld AHQP interview.
6. Popper, 215.
7. Schlick's 1931 paper is reprinted in Toulmin.
8. Bohm, *Physical Review* 85 (1952): 166 and 180. 较新的介绍,见 Bohm and B. J. Hiley, *The Undivided Universe* (New York: Routledge, 1993). 贝勒(Beller)似乎偶尔暗示,她觉得玻姆的版本强于哥本哈根解释,而 S. Goldstein 则在 *The Flight from Science and Reason*, ed. P. Gross, N. Levitt, and M. Lewis (New York: New York Academy of Sciences, 1996)第119页中认为,哥本哈根解释相当于支持非理性和反科学。我在 *Where Does the Weirdness Go?* (New York: Basic Books, 1996)一书第111—121页中给出了一些原因,

说明了玻姆的理论为什么也不那么美妙。

9. Einstein to Born, May 12, 1952, Born, Born, and Einstein, *Briefwechsel*.

第十八章 最终归于混沌

1. Tony Blankley, *Washington Times*, April 3, 2003.
2. Gore Vidal's essay, *New York Review of Books*, July 17, 1976, and see letters in the Oct. 28 issue.
3. Season 5, episode 18, "Access."
4. Adams, 457 – 58.

241 5. See Bell, 28n8; paper written with M. Nauenberg.

后 记

1. Heisenberg AHQP interview.
2. Margrethe Bohr AHQP interview.

参考书目

有关量子理论及其历史的文献浩如烟海,我只读过很小一部分,在这里列举的只是其中更小的一部分,但我认为它们特别能够说明问题。

Adams, H. *The Education of Henry Adams*. Boston: Houghton Mifflin, 1961.

Bell, J. S. *Speakable and Unspeakable in Quantum Mechanics*. Cambridge, U. K.: Cambridge University Press, 1987.

Beller, M. *Quantum Dialogue: The Making of a Revolution*. Chicago: University of Chicago Press, 1999.

Bohr, N. *Atomic Physics and Human Knowledge*. New York: Science Editions, 1961. (Includes "Discussion with Einstein on Epistemological Problems in Atomic Physics," from Schilpp 1949.)

———. *Collected Works*. Ed. L. Rosenfeld. 11 vols. Amsterdam: NorthHolland, 1972 – 87.

Born, M. *My Life and My Views*. New York: Charles Scribner's Sons,

1968.

———. *My Life: Recollections of a Nobel Laureate*. New York: Charles Scribner's Sons, 1978.

Born, M., H. Born, and A. Einstein. *Briefwechsel, 1916–1955. Kommentiert von Max Born*. Munich: Nymphenburger, 1969. In English: *The Correspondence Between Albert Einstein and Max and Hedwig Born, 1916–1955, with Commentaries by Max Born*. Trans, I. Born. New York: Walker, 1971.

Cassidy, D. C. "Answer to the Question: When Did the Indeterminacy Principle Become the Uncertainty Principle?" *American Journal of Physics* 66 (1998): 278.

———. *Uncertainty: The Life and Science of Werner Heisenberg*. New York: W. H. Freeman, 1992.

Dresden, M. H. A. *Kramers: Between Tradition and Revolution*. New York: Springer-Verlag, 1987.

Einstein, A., and A. Sommerfeld. *Briefwechsel*. Ed. A. Hermann. Basel, Switzerland: Schwabe, 1968.

Enz, C. P. *No Time to Be Brief: A Scientific Biography of Wolfgang Pauli*. New York: Oxford University Press, 2002.

Eve, A. S. *Rutherford*. Cambridge, U. K.: Cambridge University Press, 1939.

Fölsing, A. *Albert Einstein*. New York: Viking, 1997.

Forman, P. "Weimar Culture, Causality, and Quantum Theory, 1918–1927: Adaptation by German Physicists and Mathematicians to a Hostile Intellectual Environment." *Historical Studies in the Physical Sciences* 3 (1971): 1.

Frank, P. *Einstein: His Life and Times*. New York: A. A. Knopf, 1953.

Gamow, G. *Thirty Years That Shook Physics: The Story of Quantum Theory*. New York: Dover, 1985.

Gay, P. *Weimar Culture: The Outsider as Insider*. New York: Harper & Row, 1968.

Gillispie, C. C., ed. *Dictionary of Scientific Biography*. New York: Scribner, 1970 – 89.

Greenspan, N. T. *The End of the Certain World: The Life and Science of Max Born*. New York: Basic Books, 2005.

Heilbron, J. L. *The Dilemmas of an Upright Man: Max Planck as Spokesman for German Science*. Berkeley: University of California Press, 1986.

Heisenberg, W. *Encounters with Einstein*. Princeton, N. J.: Princeton University Press, 1989.

———. *Physics and Beyond: Encounters and Conversations*. New York: Harper & Row, 1971.

———. *Physics and Philosophy*. New York: Harper, 1958.

Hendry, J. "Weimar Culture and Quantum Causality." *History of Science* 18 (1980): 155.

Holton, G., and Y. Elkana, eds. *Albert Einstein: Historical and Cultural Perspectives*. New York: Dover, 1997.

Kilmister, C. W., ed. *Schrödinger: Centenary Celebration of a Polymath*. New York: Cambridge University Press, 1987.

Kragh, H. "The Origin of Radioactivity: From Solvable Problem to Unsolved Non-problem." *Archive for the History of the Exact Sciences* 50 (1997): 331.

———. *Quantum Generations: A History of Physics in the Twentieth Century*. Princeton, N. J.: Princeton University Press, 1999.

Kuhn, T. S. *Black-Body Theory and the Quantum Discontinuity, 1894 – 1912*. Chicago: University of Chicago Press, 1978.

Laqueur, W. *Weimar: A Cultural History*. New York: G. P. Putnam's Sons, 1974.

Lindley, D. *Boltzmann's Atom: The Great Debate That Launched a Revolution in Physics*. New York: Free Press, 2001.

Marage, P., and G. Wallenborn. *The Solvay Councils and the Birth of Modern Physics*. Boston: Birkhäuser, 1999.

Mehra, J., and H. Rechenberg. *The Historical Development of Quantum Theory*. 6 vols. New York: Springer, 1982 – 2001.

Meyenn, K. von, and E. Schucking. "Wolfgang Pauli." *Physics Today*, Feb 2001.

Mommsen, H. *The Rise and Fall of Weimar Democracy*. Trans. E. Forster and L. E. Jones. Chapel Hill: University of North Carolina Press, 1996.

Moore, W. *Schrödinger: Life and Thought*. New York: Cambridge University Press, 1989.

Nelson, E. *Dynamical Theories of Brownian Motion*. Princeton, N. J.: Princeton University Press, 1967. (Second edition, 2001, available at www.math.princeton.edu/~nelson/books.html.)

Nye, M. J. *Molecular Reality: A Perspective on the Scientific Work of Jean Perrin*. New York: History of Science Library, 1972.

———, ed. *The Question of the Atom: From the Karlsruhe Congress to the First Solvay Conference, 1860 – 1911*. Los Angeles: Tomash, 1984.

Pais, A. *Inward Bound: Of Matter and Forces in the Physical World*. New York: Oxford University Press, 1986.

———. *Niels Bohr's Times in Physics, Philosophy, and Polity*. New York: Oxford University Press, 1991.

———. *Subtle Is the Lord ... : The Science and the Life of Albert Einstein*. New York: Oxford University Press, 1982.

Pauli, W. *Wissenschaftlicher Briefwechsel mit Bohr, Einstein, Heisenberg u. A*. Ed. A. Hermann and K. von Meyenn. Vol. 11, 1919 – 1929. New York: Springer, 1979.

Peterson, A. "The Philosophy of Niels Bohr." *Bulletin of the Atomic Scientists*, Sept. 1963, 8.

Petruccioli, S. *Atoms, Metaphors, and Paradoxes: Niels Bohr and the Construction of a New Physics*. New York: Cambridge University Press, 1993.

Popper, K. *The Logic of Scientific Discovery*. New York: Basic Books, 1958.

Przibram, K., ed. *Brief zur Wellenmechanik: Schrödinger, Planck, Einstein, Lorentz*. Vienna: Springer, 1963. In English: *Letters on Wave Mechanics*. Trans. M. J. Klein. New York: Philosophical Library, 1967.

Quinn, S. *Marie Curie*. Reading, Mass.: Addison-Wesley, 1995.

Rozental, S., ed. *Niels Bohr: His Life and Work as Seen by His Friends and Colleagues*. Amsterdam: North-Holland, 1968.

Schilpp, P. A., ed. *Albert Einstein: Philosopher-Scientist*. Evanston, Ill.: Library of Living Philosophers, 1949.

Segrè, E. *From X-Rays to Quarks: Modern Physicists and Their Discoveries*. San Francisco: W. H. Freeman, 1980.

Spengler, O. *The Decline of the West*. Trans. C. F. Atkinson. 2 vols. New York: A. A. Knopf, 1926 – 28.

Stachura, P. D. *Nazi Youth in the Weimar Republic*. Santa Barbara, Calif.: Clio, 1975.

Stuewer, R. K. *The Compton Effect: Turning Point in Physics*. New York: Science History Publications, 1975.

Toulmin, S., ed. *Physical Reality: Philosophical Essays on Twentieth Century Physics*. New York: Harper & Row, 1970.

Waerden, B. van der, ed. *Sources of Quantum Mechanics*. New York: Dover, 1967.

索　引

（索引页码为英文原书页码,即本书边码）

图书在版编目（CIP）数据

科学之魂：爱因斯坦、海森堡、玻尔关于不确定性的辩论 / （美）戴维·林德利著；李永学译. —杭州：浙江人民出版社，2018.10

书名原文：Uncertainty: Einstein, Heisenberg, Bohr, and the Struggle for the Soul of Science

ISBN 978-7-213-08671-7

Ⅰ.①科… Ⅱ.①戴… ②李… Ⅲ.①理论物理学－普及读物 Ⅳ.①O41-49

中国版本图书馆CIP数据核字（2018）第040315号

浙江省版权局
著作权合同登记章
图字：11-2018-104号

启蒙文库系启蒙编译所旗下品牌

本书文本、印制、版权、宣传等事宜，请联系：qmbys@qq.com

科学之魂：爱因斯坦、海森堡、玻尔关于不确定性的辩论

〔美〕戴维·林德利 著　李永学 译

出版发行：浙江人民出版社（杭州市体育场路347号　邮编 310006）
市场部电话：（0571）85061682　85176516
集团网址：浙江出版联合集团　http://www.zjcb.com
责任编辑：高辰旭
责任校对：姚建国
印　　刷：山东鸿君杰文化发展有限公司
开　　本：880 毫米 × 1230 毫米　1/32
印　　张：9.375
字　　数：182 千字
插　　页：5
版　　次：2018年10月第1版
印　　次：2018年10月第1次印刷
书　　号：ISBN 978-7-213-08671-7
定　　价：55.00 元

读者联谊表

（请发电邮索取电子文档）

姓名：　　　年龄：　　　性别：　　　宗教或政治信仰：

学历：　　　专业：　　　职业：　　　所在市或县：

邮箱______________QQ______________手机______________

所购书名：________________在网店还是实体店购买：________

本书内容：满意　一般　不满意　本书美观：满意　一般　不满意

本书文本有哪些差错：

装帧、设计与纸张的改进之处：

建议我们出版哪类书籍：

平时购书途径：实体店　　网店　　其他（请具体写明）

每年大约购书金额：　　藏书量：　　本书定价：贵　不贵

您认为纸质书与电子书的区别：

您对纸质书与电子书前景的认识：

是否愿意从事编校或翻译工作：　　　愿意专职还是兼职：

是否愿意与启蒙编译所交流：　　　是否愿意撰写书评：

凡填写此表的读者，可六八折（包邮）购买启蒙编译所书籍。

本表内容均可另页填写。本表信息不作其他用途。

电子邮箱：qmbys@qq.com

启蒙编译所简介

启蒙编译所是一家从事人文学术书籍的翻译、编校与策划的专业出版服务机构，前身是由著名学术编辑、资深出版人创办的彼岸学术出版工作室。拥有一支功底扎实、作风严谨、训练有素的翻译与编校队伍，出品了许多高水准的学术文化读物，打造了启蒙文库、企业家文库等品牌，受到读者好评。启蒙编译所与北京、上海、台北及欧美一流出版社和版权机构建立了长期、深度的合作关系。经过全体同仁艰辛的努力，启蒙编译所取得了长足的进步，得到了社会各界的肯定，荣获新京报、经济观察报、凤凰网等媒体授予的年度译者、年度出版人、年度十大好书等荣誉，初步确立了人文学术出版的品牌形象。

启蒙编译所期待各界读者的批评指导意见；期待诸位以各种方式在翻译、编校等方面支持我们的工作；期待有志于学术翻译与编辑工作的年轻人加入我们的事业。

联系邮箱：qmbys@qq.com

豆瓣小站：https://site.douban.com/246051/